渭北旱塬农田土壤磷素演变研究

苏富源　吴奇凡　何晓雁　郝明德　李晓州　著

中国农业出版社

北　京

内容简介

　　土壤中磷素的供应量对作物的产量和品质都有着重要的影响。我国大量磷肥施入土壤，形成了巨大的潜在磷库，但磷肥不合理施用，不仅造成资源的浪费，而且会给环境带来风险，对磷养分资源的综合管理成为协调作物高产和环境友好的关键所在。笔者通过农户调查数据分析了黄土高原区域内磷肥应用和土壤磷素现状存在的突出问题，并提出了相应的建议；在长期定位试验的基础上，明确了黄土高原旱地长期不同施肥水平和施肥种类下，作物产量、植物吸收磷、土壤全磷、土壤速效磷、土壤磷肥利用率和土壤磷素形态演变特征，作物种植年限和土壤磷素形态间的响应关系，土壤磷素的空间分布、转化及其有效性，不同施肥条件下土壤磷素的淋溶阈值，对于合理施用磷肥具有指导意义。

　　本书对于从事耕地质量提升，肥料高效利用和农业可持续发展的农业从业人员和科技工作者具有参考价值。

前　言

　　磷是植物生长发育的必需营养元素之一，是植物体内许多重要化合物和植物生长代谢不可缺少的元素之一。植物生长所利用的磷素主要来源于土壤，土壤中磷素供应量对作物的产量和品质有重要影响。据全国土壤普查资料估算，我国有 2/3 的土壤缺磷。缺磷的主要原因是土壤有效磷含量不足，施入土壤的大量磷素在土壤中转化为缓效态和无效态。磷肥的当季利用率较低，不能满足一般作物的生理需求。土壤磷素可分为有机磷和无机磷两大类。土壤磷以无机磷为主，占土壤全磷含量的 $60\%\sim90\%$，是植物磷素营养的主要来源。我国自 20 世纪 50 年代施用化学磷肥以来，累积储存在土壤中的难溶态磷高达 6 000 万 t，形成了一个巨大的潜在磷库，在造成磷肥浪费的同时也给环境带来了风险。因此，探讨土壤磷素的形态、有效性、空间分布及施肥对土壤磷素的影响和生物效应，特别是长期施肥对农田土壤磷素的影响，对评价土壤的供磷能力和提高磷肥利用率具有重要的意义。

　　面对农业生产中过量施用磷肥导致农田土壤磷素不断积累、磷肥增产效应不断降低、农田磷环境风险逐渐增大等一系列问题，安全管理农田磷养分资源成为备受关注的热点问题。本研究在黄土高原旱地农业典型代表区长武县的主要种植方式下，探索土壤磷库的生物环境效应，为作物磷利用的区域高效提供理论依据，对于优化农田土壤磷素的区域管理具有重要的指导意义。

本书通过调查分析了黄土高原区域农田磷素现状；在长期定位试验基础上，探讨不同施肥种类和水平下，土壤全磷、土壤速效磷、土壤无机磷和有机磷各形态磷素的变化趋势和累积磷素空间分布，分析土壤积累态磷的转化及其有效性。不仅从理论上探明长期施肥土壤磷素的化学行为、形态，而且在实践上为作物生产可持续发展合理施用磷肥、提高磷肥的经济和生态效益提供理论依据，为充分挖掘土壤积累态磷的生产潜力提供技术支持。

本书由华北水利水电大学苏富源博士主持编写，中国科学院水利部水土保持研究所郝明德研究员主审。编写大纲由郝明德研究员和苏富源博士反复讨论商定，并对各章进行了系统讨论。具体编写分工如下：1、2 由苏富源（华北水利水电大学水资源学院）编写；3、5 由吴奇凡（华北水利水电大学测绘与地理信息学院）编写；4 由何晓雁（太原理工大学外国语学院）、苏富源编写；6、7 由苏富源编写；8 由李晓州（西北农林科技大学农学院）、苏富源编写；最后由苏富源、郝明德统稿定稿。

中国科学院长武黄土高原农业生态试验站在试验条件方面给予了大力支持，在此深表感谢！同时也借此感谢对本书出版给予帮助的各位老师和学者。

农田土壤磷素变化及磷肥资源高效利用研究是一项长期且复杂的变化，仍有待于进一步全面深入的研究和系统总结，限于著者能力和水平所限，不足之处难免，敬请读者批评指正。

著　者

2024 年 2 月

目 录

前言

1 绪 论

据估算，全世界干旱半干旱地区现有耕地为 6 亿 hm^2，约占世界总耕地面积的 42.9%。目前世界上发达国家都很重视旱地农业的发展。有些国家的旱地农业由于科技水平的提高和物质能量投入的增加，已经取得了增产增值的效果。我国旱地农业的范围，大致是指沿昆仑山-秦岭-淮河一线以北的干旱、半干旱和半湿润易旱地区，包括 15 个省（自治区、直辖市）的 965 个县（市），土地总面积为 542 万 km^2，占国土总面积的 56%，耕地面积为 51.33 万 km^2，约占全国总耕地面积的 52%，其中没有灌溉条件的旱地约占该地区耕地面积的 65%（上官周平等，1995）。从农业资源及其利用现状与近年的生产实践看，我国旱地农业的增产潜力远没有得到发挥。

磷是植物生长发育的必需营养元素之一，是植物体内许多重要化合物不可缺少的元素之一，也是植物生长代谢不可缺少的元素之一。植物生长所利用的磷素，主要来源于土壤，土壤中磷的总含量在 0.02%～0.20%（P_2O_5 0.05%～0.46%），与其他大量营养元素相比较低。据全国土壤普查资料估算，我国有 2/3 的土壤缺磷（程宪国等，1991）。缺磷的主要原因是由于土壤有效磷含量不足，施入土壤的大量磷素在土壤中以无效态储备起来。磷肥进入土壤后，经过一系列的化学、物理化学和生物化学反应，形成难溶性的无机磷酸盐、被土壤固体吸附固定或被土壤微生物固定，从而使其有效性大大降低。磷肥的当季利用率一般只有10%～25%（朱兆良等，2013），不能满足一般作物的生理需求。土壤磷素的研究 20 世纪七八十年代主要侧重于测定技术方面，90 年代以来，对磷的形态、剖面分布及固定、解吸机理方面的研究全面展开，有机磷方面的研究也有所发展。土壤中的含磷物质就其化合物属性而言可分为有机磷和无机磷两大类。土壤磷以无机磷为主，占土壤全磷含量的 60%～90%，是植物磷素营养的主要来源，土壤中磷素供应量对作物的产量和品质有重要影响。但是，磷素在施入土壤后并不能重复利用，大都转化为缓效态和无效态。我国自 20 世纪 50 年代施用化学磷肥以来，累积储存在土壤中的难溶态磷高达 6 000 万 t，超过目前全国磷肥 10 年消费量的总和。因而，研究土壤磷素的形态、有效性、空间分布及施肥对土壤磷素的影响和生物效应，特别是长期施肥对农田土壤磷素的影响，对评价土壤的供磷能力和提高磷肥利用率具有重要的意义。

1.1 土壤磷素状况

1.1.1 土壤磷素的组成

土壤中的磷酸盐化合物可分成无机态和有机态两大部分。无机态部分有原生矿物磷灰石和次生矿物磷酸盐，后者包括化合态和吸附态。吸附态磷是指以物理键能级、化学键能级或物理化学键能级吸附在黏土矿物表面的磷，沉淀态磷是指与铝、铁或钙等结合的磷酸盐。

土壤原生矿物磷大多以晶格态存在，如氟磷灰石

$[Ca_{10}(PO_4)_6F_2]$ 和羟基磷灰石 $[Ca_{10}(PO_4)_6(OH)_2]$，一般称之为 Ca_{10}-P。土壤次生矿物磷包括磷酸钙盐和磷酸铁铝。磷酸铁铝是一种闭蓄态磷酸盐类，其被"闭蓄"在里面的主要是磷酸铁盐，也有磷酸铝盐或磷酸钙盐，表层是水化氧化铁胶膜，由于被水化氧化铁胶膜包蔽，所以很难被植物吸收利用。

土壤中比较稳定存在的磷酸钙盐主要是 Ca_2-P·$2H_2O$、Ca_2-P、Ca_8-P、Ca_{10}-P。其中，Ca_2-P·$2H_2O$ 和 Ca_2-P 是作物磷素营养的主要来源；Ca_8-P 可以作为缓效磷源；Ca_{10}-P 只是一种潜在磷源，在短期内很难被植物吸收利用。

土壤有机磷主要以磷脂、肌醇磷酸盐、核酸等形式存在，还含有少量的磷酸糖类和微生物态磷、核苷酸等，含量占土壤全磷的 30%～50%，但目前土壤有机磷化学性质仍需要继续研究（刘津等，2020）。在这些已知的土壤有机磷形态中，肌醇磷酸盐约占总量的 50%，但核酸、磷酸糖类、磷脂和核苷酸所占比例很小，仅为 2%（冶赓康等，2023）。土壤有机磷与有机质分布具有较高的一致性，同时还与土壤有机质的含量呈正相关，在一些可耕的土壤中，50% 的磷是有机磷，草地和森林土壤的有机磷含量占全磷的 20%～50%（沈仁芳和蒋柏藩，1992）。肌醇六磷酸盐在酸性条件下可与铝、铁，在碱性条件下可与钙形成大量极难溶解的盐类，还可与蛋白质及其他一些金属离子形成稳定的化合物，造成肌醇磷酸盐的大量积累。土壤中的磷脂主要是磷脂酰胆碱（卵磷脂）和磷脂酰乙醇胺，是含磷脂肪酸的酶类。磷脂在土壤中极易分解，其含量较低。核酸包括脱氧核糖核酸和核糖核酸，在土壤有机质中核酸的分解速率较快，故含量较低，小于土壤有机磷总量的 3%。微生物体磷主要指土壤有机质中活的部分，可以看作是各种微生物活体的部分，含量占有机磷总量的

3%～20%（孙宏洋等，2017）。

1.1.2 土壤磷素的含量

据研究，岩浆岩中的主要含磷矿物是磷灰石。在岩浆岩中，基性岩的磷含量最高，酸性岩的磷含量最低，中性岩的磷含量介于二者之间。磷含量最高的沉积岩是页岩（0.17%），最低的是砂岩（0.08%）。所以，发育于不同沉积岩母质的土壤其含磷的量也是不相同的。故土壤含磷量受成土母质含磷量的影响作用特别显著。但是这种影响作用将随着成土过程的形成差异逐渐缩小。土壤含磷量与母质的种类、施肥种类、施肥量、成土过程中的生物累积量、耕作方式、淋滤作用的相对强弱等因素有关（何松多，2008）。

土壤磷（P）含量一般变化在0.10%～0.15%。在我国，地域分布趋势对土壤磷含量有明显的影响，由南至北土壤磷含量逐渐增加，南方的砖红壤土壤全磷含量最低，东北黑土土壤全磷含量最高，可达0.17%。我国黄土母质的全磷含量也相对较高，在0.13%～0.16%。另外，土壤磷含量与土壤的质地和有机质的含量有关，黏质土全磷含量高于沙质土，有机质含量高的土壤全磷含量也较高。在土壤剖面中磷素的分布，耕作层高于底土层。因耕作土壤长期受人为因素的影响，土壤全磷含量局部差异较大（何松多，2008）。

1.1.3 土壤磷素的有效性

作物对土壤无机磷的吸收主要是正磷酸盐，也能吸收偏磷酸盐和焦磷酸盐，偏磷酸盐和焦磷酸盐在作物体内能很快被水解成正磷酸盐而被作物利用，因此，正磷酸盐是作物吸收的主要形态，以磷酸二氢根离子（$H_2PO_4^-$）和磷酸一氢根离子（HPO_4^{2-}）为主要形式，而它们在土壤中的浓度很小。作物也能吸收某些有机磷化合物，如己糖磷酸酯、蔗糖磷酸酯、甘油磷酸酯和核糖核酸。

（1）土壤无机磷的有效性

对作物的有效性而言，不同形态的无机磷（Pi）相差很大。采用苏联根兹布勒革无机磷分级法将土壤无机磷分为 5 级，即磷酸钙盐（Ca-PⅠ、Ca-PⅡ 和 Ca-PⅢ）、磷酸铝盐（Al-P）和磷酸铁盐（Fe-P），研究结果表明，Al-P、Fe-P 是作物吸收的主要磷源，Ca-PⅠ虽有效性好，但其含量较低，Ca-PⅡ是土壤的贮备磷源，Ca-PⅢ对作物无效（方晰等，2018）。

顾益初等（1984）研究表明，Ca_2-P 是作物的有效磷源，$Al-P$、Ca_8-P、$Fe-P$ 是缓效磷源，$O-P$ 在理论上不能作为作物的有效磷源。曹一平和崔建宇（1994）采用顾-蒋法研究表明，Ca_2-P 的有效性最好，且持续性也好；Ca_8-P 有一定的有效性，是一种潜在的缓效磷源。$Al-P$ 是一种相当有效的无机磷源（沈仁芳和蒋柏藩，1992）。与 Ca_2-P 和 $Al-P$ 相比，$Fe-P$ 的有效性稍差，大致属于中等偏下水平（曲东等，1994）。非晶质的 $Fe-P$ 在石灰性土壤中的供磷能力大致相当于 $Ca(H_2PO_4)_2 \cdot 2H_2O$ 的 $30\% \sim 40\%$。$Ca_{10}-P$ 在石灰性土壤上只是一种潜在的磷源，而 $O-P$ 作为作物有效磷源的可能性很小。

沈善敏（1986）研究发现，土壤无机磷组分中 Ca_2-P、$Al-P$ 对植物是高度有效的，Ca_8-P、$Fe-P$ 也有相当高的有效性，$Ca_{10}-P$ 和 $O-P$ 有效性很低，是植物的潜在磷源，$O-P$ 在酸性土壤上通过淹水还原的活化作用，也可以显著提高其有效性，$O-P$ 在酸性土壤上有效性的提高是由于 pH 提高对土壤磷的活化作用。

贾萌萌等（2021）研究表明，水稻土有效磷主要来自铁结合态磷（Fe-P）和铝结合态磷（Al-P）；潮湿雏形土有效磷主要来自水溶态磷和钙结合态磷（Ca-P），且以前者更为重要。

关于土壤各形态无机磷的有效性问题，不同研究者得出的结论有所出入，究其原因，可能是其在一定程度上与所采用的研究方法及试验条件有关。

（2）土壤有机磷的有效性

土壤中的有机磷也是土壤有效磷的重要来源（Haygarth et al.，2018）。土壤有机磷的有效性表现在两个方面：一方面可通过有机磷矿化为无机磷被作物吸收利用，植物中吸收的磷有一半来源于有机磷的矿化；另一方面，部分有机磷如己糖磷酸酯、甘油磷酸酯，甚至分子较大的核酸等也可直接被作物吸收利用。

过去一般认为，有机磷大多在矿化为无机磷以后，或者被根系附近的磷酸酶脱磷酸后，才对作物起效，但许多研究者通过对土壤溶液中有机磷的研究证明，通常发现土壤中的有机磷化合物，是可以被植物所吸收利用的（刘津等，2020）。利用 Bowman-Cole 分级法测得活性有机磷、中活性有机磷、中稳性有机磷和高稳性有机磷。土壤有机磷各组分与有效磷呈显著相关，各有机磷形态被作物吸收利用难度依次增加。土壤中有机磷的转化与循环是复杂的物理、化学、生物的动态过程，同时受到多种因素的影响，如土壤类型、水分、pH、碳、氮、磷等。土壤的有机磷经矿化后，成为作物磷的重要磷源，其有效性与土壤供磷能力关系密切。土壤各形态有机磷中，除了高稳性有机磷外，活性有机磷和中活性有机磷的相对有效性仅次于 Fe-P，而中稳性有机磷则通过对 Al-P 和 Fe-P 影响而间接制约有效磷含量的高低。活性有机磷、中活性有机磷和中稳性有机磷直接影响着土壤有效磷含量，有机磷是土壤有效磷的一个重要来源。不同农业管理模式对土壤磷素的动力学、积累与消耗有显著影响，例如通过还原、酸溶、络合溶解作用促进解磷菌等微生物增殖，从而改变土壤性质，活化土壤中高稳性有机磷转化为可被植物利用的磷形态。大量研究表明，施肥影响土壤各组分有机磷含量及其在有机磷中所占比例（王静等，2020）。韩梅等（2018）发现，持续6年施常规无机肥可增加稻田土壤有机磷总量；谢林花等（2004）发现秸秆与化肥长期配施可显著提高土壤有机磷含量、活性有机磷和中稳性有机磷含量。土壤有机磷经矿化后可直接补充有效磷源，且影响着土壤速效磷的水平。

1.1.4 磷在土壤中的固定和活化

磷肥进入土壤后，经一系列的化学、物理化学和生物化学反应，形成难溶性的无机磷酸盐、被土壤固体吸附固定或被土壤微生物固定。土壤中磷的固定是指土壤中有效磷转化为无效态磷。土壤磷的固定包括两个过程。水溶性磷肥施入土壤后形成溶解性很小的磷酸盐及土壤黏粒，如黏土矿物、方解石、水铝英石和Fe、Al腐殖酸类化合物对磷的吸附作用，磷的固定还包括被铁氧化物的吸附。而土壤对磷肥的固定并不是不可逆的过程，固定的磷甚至在20h的风干过程中仍有部分释放，土壤溶液中的磷处于动态平衡过程中，被固定、吸附的磷在一定条件下可向有效态磷方向转化。

（1）磷在土壤中的固定

土壤对磷酸盐的吸附固定是土壤中磷有效性低的主要原因。

磷的吸附包括阴离子交换吸附和配位吸附。阴离子交换吸附以静电引力为基础，配位吸附是以磷酸根离子与土壤胶体表面上金属原子配位壳 OH 或 OH_2 进行交换。土壤中几乎所有的固体物质都能吸附磷，但不同物质吸附固定磷的能力存在很大差异。石灰性土壤主要的固磷基质有 $CaCO_3$、物理性黏粒和游离氧化铁。柠檬酸-重碳酸盐提取的 Fe 是石灰性土壤最主要的磷吸附剂，而碳酸钙对土壤磷吸附的影响占第二位。一些研究表明，地中海含白云石土壤上晶型铁氧化物，如针铁矿、赤铁矿等是磷吸附的主要基质，而在湿润地区的土壤上无定形的氧化铁（水铁矿）是磷的主要吸附基质，当土壤溶液中 Ca^{2+} 浓度高时，碳酸钙对土壤磷吸附影响显著，在高能吸附位点中，活性 $CaCO_3$ 是磷最主要的吸附剂，而在低能吸附位点中，柠檬酸-重碳酸盐提取的铁是磷主要的吸附剂。

对土壤磷的固定作用在实际上的意义有两种不同的认识，一种意见认为磷的固定导致绝大部分施入的磷无效，另一种意见认为固定并不重要，绝大部分的磷肥最终都能被作物利用。

（2）磷在土壤中的活化

自从发现石灰性土壤对水溶性磷酸盐具有强烈的吸附作用以来，研究人员做了大量的工作探求一种减少磷酸盐吸附，提高磷肥利用率的有效方法（刘雪强等，2020；史昕倩等，2021）。施肥、植物根系分泌物、VA-菌根的作用、溶磷微生物及合理的轮作措施都可促进土壤磷的活化，提高磷的有效性。

有机物（肥）与磷肥配合施用，可减少土壤对磷的固定作用，对土壤中的难溶性磷化合物具有活化作用。其作用机理为，有机物腐解虽然可引起土壤有效磷的短期固定，但高峰过后，产生的有机酸类物质对土壤磷酸盐具有溶解、吸附等作用，释放土壤中磷酸钙、磷酸铝（铁）中的磷酸根离子。有机酸根离子可以与磷酸根离子竞争土壤吸附位，从而减少土壤的固磷量。同时磷肥与有机肥配合施用时，延长了施入磷在土壤中以 $NaHCO_3 - Pi$、$NaOH - Pi$ 的存在时间，从而减少了土壤对磷肥的固定，增加了施入磷的有效性。有研究表明，处于不同降解阶段的生物残体都能增大土壤磷的植物有效性。新鲜的有机物可对土壤有机质的降解起促进作用，从而加速磷的生物矿化作用，有机体残体降解过程中产生的有机酸或其他螯合剂可以把被钙、铁、铝固定的磷释放出来，产生的 CO_2 可增大磷酸钙及磷酸镁的溶解性，使磷保持较高的有效性。

根系是植物吸收养分、水分最主要的器官。植物根系的分泌物具有溶磷作用，许多物质的分泌物对植物缺磷有专一性反应，如柠檬酸、番石榴酸等在磷胁迫时，植物根系可以分泌产生有机酸，从而增加了作物对根际土壤磷的吸收利用。其反应机制为：对于磷酸铝（铁）等，酸结合 Al（Fe）离子，通过离子置换释放磷酸根离子。而对于石灰性土壤，主要是通过减小 Ca^{2+} 的活性，增加正磷酸盐的溶解性，从而提高了石灰性土壤磷酸钙的溶解度。根系分泌物主要有以下几种：①低分子有机酸；②还原糖和氨基酸；③磷酸酶；④H^+。

丛枝菌根菌可侵染众多植物，通过增加宿主植物对土壤磷的吸收和利用，改善植物磷素营养，促进其生长发育的现象已为人们所熟知。有菌根真菌存在时植物吸磷明显加快，真菌帮助作物有效利用土壤中难吸收的磷酸盐。VA-菌根促进作物吸收土壤磷素的机制可以归纳为以下几个方面。①由于菌丝的延伸使植物根的吸收面积扩大。磷酸盐主要是通过扩散被植物吸收，在固磷能力强的土壤上，土壤溶液中的磷浓度很低，磷向植物根系扩散的速度很慢，增加根系吸收面积可增加植物对磷的吸收，而菌根的菌丝可伸至根和根毛都不能达到的土壤区域。②土壤 pH 是影响土壤磷素有效性的重要因素，菌根存在时，根系吸收阴阳离子的差异、菌根的呼吸作用释放大量的二氧化碳，导致根际 pH 的变化，进而影响磷的活化。Li 等（2009）试验表明，VA - 菌根菌丝与植物根系一样具有酸化菌丝际土壤的能力，施用 NH^{4+} - N 时，根外菌丝可使其周围土壤 pH 降低 0.5 个单位，菌丝际 pH 梯度范围为 3 个单位。③真菌的分泌物如有机酸或能水解磷酸三钙的酶可以增加难溶性无机磷的植物有效性，同时菌根分泌磷酸酶可将土壤有机磷水解，被植物吸收利用。

不同作物吸收利用土壤各形态磷素的能力不同，不同作物对磷胁迫的反应机制不同，磷素不足时，磷高效型植物通过根系分泌较多的有机酸、改变根系形态、增加根际磷酸酶活性等方式提高根际土壤磷的有效性，因此通过合理轮作可提高作物对难溶性磷的吸收。

1.2　土壤磷素形态分级

1.2.1　土壤无机磷分级方法

土壤无机磷的分级研究始于 20 世纪 30 年代。在几十年的发展过程中，由于分级方法不一，对无机磷形态的表达各不相同。1957 年，Chang 和 Jackson（1957）根据正磷酸盐所结合的主要阳离子不同，提出土壤无机磷的系统分级测定方法，将土壤无机磷分为 4 种形态：Al - P、Fe - P、Ca - P 和闭蓄态磷（O - P）。其中 Al - P 和 Fe - P 是高度风化的酸性土壤中磷酸盐的主要组成成分；Ca - P 是石灰性土壤中磷酸盐的主要形态；而 O - P 则是被氧化铁胶膜包被的磷酸盐，在除去外层铁质包膜前，很难发挥其效用，被视为闭蓄态磷。这一分级方法的提出对推进土壤磷素化学领域的研究有很大促进作用，尤其适用于中性和酸性土壤。20 世纪 80 年代末，蒋柏藩和顾益初（1989）提出了一个适宜于石灰性土壤无机磷的分级体系，客观反映了石灰性土壤无机磷的全貌。其特点是把 Chang 和 Jackson 方法中的石灰性土壤中占主导地位的 Ca - P 按其溶解度和有效性细分为 3 级：磷酸二钙型（Ca_2 - P）、磷酸八钙型（Ca_8 - P）和磷石灰型（Ca_{10} - P），并对磷酸铁（Fe - P）的测定进行了改进。这一方法在我国石灰性土壤研究中已经得到广泛应用。

1.2.2 土壤有机磷分级方法

土壤有机磷形态的分级研究始于 20 世纪 60 年代，主要有两种方法：一是直接测定土壤中有机磷化合物；二是根据有机磷在不同化学浸提剂中溶解度的差异对土壤有机磷进行分级。利用 31P 核磁共振可以直接鉴定土壤中有机磷的组成。Solomon 等（2002）测定出东非高原上土壤有机磷主要由正磷酸单酯构成，另有少量的正磷酸二酯和磷壁酸。Margarita 等（2006）比较了 4 种不同提取剂对核磁共振测定土壤有机磷的影响，结果表明，NaOH - 交换树脂和 HCl - NaOH - 交换树脂这两种浸提剂对智利火山土有机磷光谱分析最为适宜。色谱技术则对鉴定土壤中残留的有机磷农药十分有效。Bowman 和 Cole（1978）提出的土壤有机磷浸提分组法则是研究土壤有机磷最常用的方法。该方法依次用 0.5mol/L NaHCO₃、1.0mol/L H₂SO₄ 和 0.5mol/L NaOH 3 种化学浸提剂对土壤有机磷进行提取，将土壤有机磷分为 4 组：活性有机磷、中活性有机磷、中稳性有机磷和高稳性有机磷。但部分国内学者认为，上述方法对土壤有机磷的提取不够充分，活性有机磷中未包含土壤微生物量磷，且先酸后碱的浸提顺序会过高地估计中等活性有机磷的含量，有可能使稳定性有机磷测定值偏低，建议改为先碱后酸，并采用超声波技术以缩短振荡时间和提高浸提效率。Ivanoff 等（1998）也认为，活性有机磷组分应包括微生物量磷，并将中等活性有机磷的提取改为 1 mol/L HCl，但中等活性有机磷和稳定性有机磷的提取顺序仍为先酸后碱。

1.3 农田土壤磷素变化特征

1.3.1 施肥对土壤磷库的影响

磷素的投入会影响动植物产品的产量和品质，对作物产量而言，氮素和磷素是最重要的影响因素（沈善敏，1984）。20 世纪 70 年代世界有 5.67 亿 hm^2 耕地缺磷［有效磷（AP）＜10mg/kg］，约占世界耕地的 43％；其中我国农田中约有 0.71 亿 hm^2 严重缺磷［有效磷（AP）＜5mg/kg］，占总耕地的 2/3（黄敏等，2003；刘建中等，1994）。统计显示，我国缺磷的耕地面积占总耕地面积的 81.5％，其中严重缺磷的耕地占总耕地面积的 50.5％。长江以北地区缺磷面积约占 80％，其中严重缺磷面积约占总耕地面积的 50％。特别是黄淮海地区缺磷面积高达 94％，严重缺磷面积约占总耕地面积的 67％。南方地区主要是酸性旱地和低产水田，由于施用磷肥比较早，缺磷面积占 60％，严重缺磷面积约占总耕地面积 20％（黄敏等，2003）；北方石灰性土壤速效磷含量也普遍较低。

中国农业已有三四十年施用磷肥的历史，且磷肥施用量逐年增加。自 20 世纪 80 年代以来，我国化肥的消费量也在迅速增加，土壤中磷素已经由严重亏缺态开始转变为平衡或略有盈余态（鲁如坤，2003）。在近 20 多年来，我国农田土壤磷素以年增11％的速度不断扩大而盈余（鲁如坤等，1996）。数据统计，我国 2005 年磷肥产量 1 125 万 t，居世界第一位，同年我国磷肥表观消费量高达到 1 167 万 t，约占全球磷肥总消费量的 30％（张永志，2007）。

　　长期施用磷肥，使土壤中全磷含量、有效磷含量、磷素各形态及不同土层磷素分布等均发生了很大的改变，均有不同程度的累积。在英国、德国和波兰（Blake et al.，2000），在我国黑土地区（周宝库等，2005），红壤地区（黄庆海等，2006）、潮土地区（黄绍敏等，2006a）的长期试验均证实了这一点。

　　大量试验表明，长期施用磷矿粉可大大提高土壤全磷和有效磷的含量，同时磷肥施用一次后其效果可以持续 10 年以上，残效期很长（林继雄等，1995）。曹翠玉等（1998）通过有机-无机肥配施或有机肥单施对土壤供磷的试验，得出连续 15 年施用有机肥，不仅改善了作物磷素的供应状况，而且大幅度提高了土壤有效磷含量。莫淑勋等（1991）研究发现，长期施用有机肥可使有机质大量累积，形成土壤磷素的贮藏库，减少土壤对有效磷的固定，提高有效磷的利用率。谢林花等（2004）通过长期试验也得出厩肥-化肥配施能大大提高土壤有效磷含量。刘杏兰等也认为，长期施用有机肥，尤其是厩肥能显著提高土壤全磷及有效磷含量，但其效果不如有机-无机肥配施。黄庆海等人（2000）的研究表明施入一定量磷肥不仅可以维持土壤磷素的平衡，而且能保持土壤较高持续的供磷能力。

　　南方红壤稻田进行的土壤肥力定位监测试验结果证明：持续

施用有机肥或磷肥可以促进土壤中磷的累积（Li et al.，2009）。石灰性菜园土壤在长期大量施入磷肥后，菜园土壤中磷素大量积累（Su et al.，2002）。在塿土上施用磷肥 23 年，土壤全磷含量增加了 24％～69％，有效磷含量也有明显增加（李文祥，2007）。其他一些长期施肥试验也表明，长期单施磷肥或氮磷-有机肥配施土壤的全磷、速效磷、有机磷、无机磷含量均有不同程度的累积，有效磷利用状况也大有提高（兰晓泉等，2001）。Hao 等（2005）在陕西长武长期肥料定位试验中发现，长期施磷肥可以大大提高有效磷的累积量。英国 Rothamsted 试验站小麦连作 101 年（1843—1944 年）后，无肥区全磷含量仅为 0.58g/kg，而 NPK 处理的全磷含量则高达 1.079g/kg。黑垆土上的长期定位试验表明，施肥可以明显改变耕层土壤养分的含量，同时也影响了养分在土壤剖面的分布；氮磷配施可有效培肥土壤，使耕层土壤全磷增加 8.3％～45.2％，有效磷含量增加 54.8％～917.8％，有效磷含量增加和磷肥用量的关系为 $y = 9.65\ln(x) - 35.37$（陈磊等，2007）。

土壤磷素分为无机态和有机态两大类。植物所需磷素主要来源于土壤无机磷，大多数耕地中无机磷占土壤全磷量的 60％～80％，而植物磷重要的潜在磷源则是有机磷的矿化产物。有机磷含量占土壤全磷量的 10％～50％，与土壤有机质呈显著的正相关（Sharpley，1984）。

1.3.2　施肥对土壤磷素形态的影响

长期施用有机肥或化肥磷均可增加土壤总磷的含量，研究得知，有机肥主要增加有机磷的含量，而化学肥料则主要是增加无机磷的含量（林炎金等，1994；Motavalli，2002）。Sharpley

（1985）在美国俄克拉马州和得克萨斯州的试验中指出，施入大量肥料后土壤中活性有机磷的含量发生较大幅度变化，而活性有机磷和高稳性有机磷的含量则保持不变。张为政（1990）报道，多年施用有机肥后，土壤有机磷总量增加，活性、中稳性有机磷下降，中活性和高稳性有机磷增加。黄土高原旱地长期施肥条件下土壤有机磷的组成变化研究表明，有机-无机肥配施可明显增加土壤活性有机磷、中活性有机磷、中稳性有机磷含量，减少高稳性有机磷含量（来璐等，2003）。

土壤中长期施用磷肥，土壤全磷、有效磷、不同形态磷素的含量及磷素的离子活性和有效性均发生了很大变化，对土壤磷素的转化有重大影响。尹金来等人（2001a，2001b）研究石灰性土壤磷组分的变化得出结论：有机磷分级中，施磷肥或有机肥（猪粪）可显著增加中稳性有机磷、中活性有机磷和活性有机磷的含量，其中中稳性有机磷的增幅最大，而高稳性有机磷的变化没有明显规律；对无机磷的分级，施用磷肥或有机肥（猪粪）可显著提高土壤中 Ca_2-P、Ca_8-P 的含量，$Al-P$ 和 $Fe-P$ 含量也有一定的增加，其中磷肥的增幅大于有机肥。韩晓日等（2007）对棕壤 26 年长期定位试验的无机磷分级表明，长期施入有机肥或化学磷肥，除 $Ca_{10}-P$ 含量在耕层减少外，其他各形态无机磷含量都有所增加。黑土区长期定位施肥 15 年土壤磷素形态研究结果表明，土壤中积累的 $Al-P$、Ca_2-P 量与施磷量呈正相关（林德喜等，2006）。丁怀香和宇万太（2008）对潮棕壤 15 年长期试验研究表明，有效或缓效态无机磷（Ca_2-P、Ca_8-P、$Al-P$、$Fe-P$）含量在没有磷肥直接投入的情况下均有不同幅度的下降，导致土壤无机磷库亏损；在有化学磷肥直接投入的情况下这些形态的无机磷不但能满足当季作物需求还有一定量的盈余，且有效或缓效态无机磷（Ca_2-P、Ca_8-P、$Al-P$、$Fe-P$）与有效磷的相关性也很好，因此施用磷肥可以丰富土壤的磷库。

大量研究结果显示，长期施用化肥磷，各形态无机磷均有积累，其中主要是 $Ca-P$ 的变化。一些对黄淮海平原鲁西北地区土壤的研究表明，土壤中施入磷化肥后，磷素主要以缓效态保存于土壤中，施肥对土壤缓效态和有效态磷均有影响，而对无效态磷的影响却很小（林治安等，2009）。郑铁军（1998）经过对15年长期施肥试验的研究表明，土壤无机磷组分中，$O-P$ 降低，$Ca-P$ 和 $Al-P$ 增加。刘建玲（2000）对北方耕地土壤研究发现，施入土壤中的磷肥（除被作物吸收）主要以 Ca_8-P 和 Ca_2-P 形态积累，其次为 $Fe-P$ 和 $Al-P$。张漱茗等（1992）在石灰性土壤上的试验则认为施化学磷肥能提高 Ca_2-P、Ca_8-P 和 $Al-P$ 的数量，但 $Fe-P$ 相对稳定，受施肥影响的程度较小。顾益初等（1997）对潮土进行试验结果也表明，施入的磷肥在短时间内主要向 Ca_2-P 转化，后再向 Ca_8-P 和 $Al-P$、$Fe-P$ 转化。

来璐（2003）在长武长期定位试验中则认为施入土壤中的磷肥首先要满足作物的利用，多余的部分均累积在土壤中，导致土壤无机磷含量增加，耕层土壤中累积态无机磷主要转化为 Ca_8-P 和 $O-P$。Rubaek（1995）认为长期施用磷肥主要增加土壤无机磷库，而无机磷的增加主要以树脂交换-P、不稳定态-P、$NaOH-Pi$ 和 $NaHCO_3-Pi$ 为主。长期大量施用磷肥使石灰性土壤中 Ca_2-P 和 Ca_8-P 增加，$Fe-P$ 和 $Al-P$ 的增幅较小（刘建玲，2000；顾益初，1997）；同时对黑麦草吸磷的贡献率进行研究得出 Ca_2-P 和 Ca_8-P 的贡献率大于 $Fe-P$ 和 $Al-P$。Kumar（1992）对酸性土壤进行研究发现，不同组分磷酸盐对小麦的有效性顺序为：$Ca-P > Al-P > Fe-P$。室内恒温培养试验法对施入不同量磷肥的石灰性潮土进行为期 180d 的模拟研究，结果认为，各处理的无机磷分级体系中，钙磷在无机磷中占绝对优势，随磷肥施入量的增加 Ca_2-P、Ca_8-P 和 $Al-P$ 含量增大，$Fe-P$ 含量很小，$O-P$ 含量和 $Ca_{10}-P$ 含量变化较小，随着培养时间的增长，Ca_2-P 含量大幅减少，而 Ca_8-P 含量大量增加，且 Ca_8-P 含量大于 Ca_2-P 含量（王新民，2010）。丁怀香等（2010）在潮棕壤上进行长达 18 年的定位施肥试验，对耕层（0~20cm）土壤进行无机磷分级测定得出：不施磷肥的处理中，各形态的无机磷含量基本都有逐年下降的趋势，其中下降速率为 Ca_2-P、Ca_8-P、$Al-P>Fe-P>O-P$、$Ca_{10}-P$。

1.3.3 施肥对不同土层磷素的影响

长期施肥对不同土层磷素的影响不同，许多研究均表明，施入土壤的磷大多累积在土壤上层。Roscoe（1960）的研究认为，永久草地磷素没有移动性。长期大量施磷对耕层土壤中磷素的积累有很大的作用，相反对耕层以下的土壤影响较小（Knaflewski，1998）；长期施肥（5 年和 8 年）的农田（黏土）的全磷、有效磷、无机磷和有机磷分布，大多数磷累积在 0~45cm 土层（Sharpley，1993）；还有研究，12~35 年施有机肥的草地磷素的分布主要在 0~30cm 土层。Fiskell（1979）等人研究发现，在 38cm 土层以下施磷肥对磷素的影响不大。黄土高原旱地长期施肥对有机磷各组分的空间分布影响较小，经过长期对陕西关中黄土的研究表明，不同施肥处理在 0~100cm 土层中全磷的分布特征为：0~20cm 土层显著增加，20~60cm 土层少量增加某些处理甚至会亏损，60~100cm 土层又有少量的累积（张漱茗等，1992）。

当然，也有一些学者认为长期施用磷肥在 50~80cm 土层中有磷素大量积累（Sekulic，1997）；而 Hountin 等人的研究则表明在 0～100cm 土层中磷素均有不同程度的积累（Hountin，1997）。造成观点不同的原因可能与土壤的性质、磷肥的种类、土壤水分及其他养分状况等因素有关。还有研究表明，长期施肥会造成土壤对磷的吸附方式发生改变（Ghosh，1999）。

1.3.4 施肥对土壤水溶性磷的影响

英国洛桑试验站 Broad balk 长期定位试验结果表明，当土壤中的有效磷（Olsen - P）超过 60mg/kg 时，从土体排出水的磷浓度大幅增加，会引起水体富营养化。研究认为，耕层土壤磷素水体会沿着植物根系或一些动物如蚯蚓等所形成的小孔隙发生淋移，并排出土体，成为水体富营养化不可忽略的重要因素。有人通过模拟试验测定土壤中的 Olsen - P 和 $CaCl_2$ - P，发现 Olsen - P 的浓度大于某一临界值时，土壤 $CaCl_2$ - P 含量也迅速提高，且两个临界值几乎完全相同。所以，可以用 $CaCl_2$ - P 来预测磷素从土体排至水体中的浓度，对磷素的淋失进行风险评估有重要的意义。

土壤水溶态磷是供植物直接吸收利用的磷，它的补给主要依赖于溶解磷酸盐矿物和吸附固定态磷的释放，其含量极低，一般只有 0.1～1mg/kg，最低甚至只有 $0.1\mu g/kg$（慕韩锋，2008）。

Hesketh 等（2000）对英国洛桑实验站肥料长期试验地土壤 65cm 下排水管中排水进行研究，得出了土壤磷素淋溶的突变点。土壤中有效态磷的含量可用 Olsen - P 表示，土壤中水溶解性的磷含量用 $CaCl_2$ - P 表示（刘利花等，2003；吕家珑，2003）。以土壤 Olsen - P 含量为横坐标，以 $CaCl_2$ - P 含量为纵坐标拟合成相关曲线，曲线上的转折点所对应的 Olsen - P 含量即为该类型土壤磷素淋溶的突变点，即淋溶阈值。当 Olsen - P 含量大于淋溶阈值时，土壤发生磷素淋溶；反之则不会发生淋溶（张焕朝等，2004）。

吕家珑等（2003）用突变点法对英国 Broad balk 长期土壤肥料试验地和 Wobum 农场 3 块试验地预测土壤磷淋溶的趋势：Broad balk 和 Woburn 农场发生磷淋溶的土壤 Olsen - P 含量突变点分别是 60mg/kg 和 17mg/kg。刘利花等（2003）对长期（24 年）不同施肥土壤中磷淋溶趋势进行研究结果表明：土壤耕层 Olsen - P 含量为 23mg/kg，是该土壤发生磷素的淋溶阈值。牛明芬等（2008）利用 Heckrath 分段回归（split - line）模型，对潮褐土中的 Olsen - P、$CaCl_2$ - P 含量进行拟合，得到潮褐土环境敏感磷临界点对应的土壤 Olsen - P 的含量为 69.4mg/kg。

温林钦等（2009）通过对河北栾城农业生态站的潮土和吉林白城的淡黑钙土 2 种质地不同土壤施用不同量磷肥的研究，结果表明：当施磷量超过 400kg/hm² 时，2 种土壤 Olsen - P 和 $CaCl_2$- P 含量均显著增加，并且 2 种土壤在相同条件下培养后，同一处理各组分有效磷的变化规律并不相同，说明当施磷量超过 400kg/hm² 时，2 种土壤磷素流失的可能性均增大，并且不同类型的土壤，磷素流失的能力也不相同；培养 60d 后拟合模型得到的栾城和白城土壤环境敏感磷临界点对应的土壤 Olsen - P 含量分别为 88.9 和 142.5mg/kg，表明白城土壤的固磷能力远远高于栾城土壤。

张树金等（2010）采用野外调查采样和室内分析相结合的方式，研究了典型温室栽培地区山东寿光市土壤磷素状况及其迁移的变化特征，结果表明：温室土壤耕层 $CaCl_2$- P 和 Olsen - P 的平均含量为 10.9mg/kg 和 248.4mg/kg，分别为露地土壤的 8.7 倍和 5.4 倍，磷淋失并造成环境污染的可能性很大。

目前磷肥的投入过剩成为一种较普遍的现象，由于大量的无机磷肥施入土壤后被土壤吸附而固定，磷肥的当季利用率较小，大量未被利用的磷素长期或暂时滞留在农田土壤中，不仅造成了磷素的资源浪费，而且会加剧土壤的次生盐渍化，同时还加大了淋洗损失所造成的污染风险。磷化肥施入土壤后，大多被吸附固定转化为磷酸铁铝钙等矿物态磷。研究土壤中磷素的各种形态和吸附固定转化过程，及其 Olsen-P 和 $CaCl_2$-P 的贡献能较好地反映土壤磷素的吸收和空间分布状况，并且有助于合理施用磷肥或有机肥，提高肥料的有效利用率，减少环境污染等理论的建立。

1.3.5 施肥对土壤微生物磷的影响

细菌、放线菌和真菌是土壤中的三大类微生物。土壤微生物生物量既是土壤有机质和土壤养分转化与循环的动力，又可作为土壤中植物有效养分的储备库，它们对有机质的分解、氮硫磷营养元素及其化合物的转化具有重要的影响，土壤中微生物磷的活性很高，是土壤有效磷库的主要成分。微生物磷易矿化为植物有效磷，当土壤微生物体完全分解后，固持其内的磷也以无机磷的形式释放出来。与其他有机磷组分相比，微生物磷对植物的有效性更高，在土壤肥力和植物营养中具有重要作用。

目前有人认为，以往由于微生物磷的测定方法有缺陷而把微生物磷看作很少的一部分是不妥的。Brookes 等（1984）建议用 0.5mol/L $NaHCO_3$（pH8.5）来提取经 $CHCl_3$ 熏蒸后的土壤微生物磷。Sarathchandra（1984）用 Brookes 建议的方法测定了 21 种新西兰酸性表土（0～75mm，pH4.9～6.8）的微生物磷含量，其结果为 20～88μg/g（平均 51μg/g），占总磷量的 0.5%～11.7%，耕作土壤中，微生物磷可占土壤有机磷的 2%～5%，而在牧场土壤中，占比可高达 20%。

土壤微生物量对土壤环境因子的变化极为敏感，土壤的微小变动均会引起其活性变化。施肥可显著提高土壤微生物磷，化肥与秸秆、绿肥、猪粪配合施用，土壤微生物磷含量增加。化肥与猪粪配合施用土壤微生物磷增加最多，且与化肥单施之间差异显著。长期单施化肥的土壤微生物磷也有较大幅度的增加，施磷后增加了微生物对磷的同化固定。Aslam 等在研究土壤微生物磷的季节变化规律时发现冬季微生物磷含量显著高于其他季节，他们认为此现象与播种前化学磷肥的施用有关。王岩（1998）研究表明，有机无机肥施用后，土壤微生物磷开始增加很快，随着时间的推移，微生物磷基本保持稳定。向土壤中添加有机物也会引起土壤微生物生物量的改变，Workneh 等（1993）发现，同常规农作的土壤相比较，有机农业的土壤具有更高的微生物活性。

1.3.6 不同轮作方式对土壤磷的影响

一般耕地全磷含量是有效磷的 200～500 倍，在土壤磷组成中无机磷的 2/3 和有机磷的 1/3 为无效态，而不同作物对不同形态难溶性磷的吸收利用能力不同。寇长林等（1999）在沙质潮土上的长期定位试验表明，磷高效基因型植物羽扇豆、荞麦等对难溶性磷的利用能力很强。种植花生和玉米造成土壤中无机磷组成的差异明显，花生使 Ca_8-P 比例显著降低，而 Al-P 和 Fe-P 增加，花生在缺磷条件下，能够吸收利用 Ca_8-P 和 Fe-P，小麦在缺磷条件下能有效地吸收利用 Ca_8-P。不同作物根系养分的种类、数量及其分泌物和残茬对土壤磷素的影响是有差异的，因此，不同的轮作制度对土壤磷的影响不同。

长期种植作物时，土壤各形态磷素的消耗量明显高于长期的草粮混播。小麦连作比小麦—小麦—休闲、小麦—休闲消耗的土

壤 $NaHCO_3$-Pi、$NaOH$-Pi 量增多，连续 65 年小麦—小麦—休闲轮作的土壤全磷量比永久草地土壤的全磷低 29%，土壤全磷的降低主要是因为土壤有机磷中的稳定态有机磷含量低，轮作方式不同主要影响了土壤中各形态无机磷及不稳定态有机磷的变化，对土壤稳定态有机磷无影响。

张为政（1990）研究发现，玉米与豆科作物轮作可缓解或减轻豆科作物对土壤磷素的消耗，这是因为玉米的外生菌根可能对提高土壤磷素的有效性有良好的影响。玉米连作 Fe-P、Al-P 含量有所提高，而豆科—玉米轮作无机磷组分有所下降，有机磷组分中，除中等活性有机磷略有下降外，其他有机磷组分均有所上升。

关于小麦与豆科之间的相互促进作用，相关研究表明小麦对豆科作物磷吸收有明显的促进作用。李隆等（2000）在对此进行研究后初步证实了小麦—大豆共生期间存在着小麦对大豆磷吸收的促进作用，主要表现在磷吸收量的显著提高，其根际效应可能是机制之一。张恩和（2000）年研究表明，单作大豆形成 Ca_2-P 的比例显著提高，形成 Ca_8-P 和 Al-P、Fe-P 的比例也比相应单作小麦少，说明大豆能减缓肥料磷在土壤中的转化和固定，减少磷素向无效的 Ca_{10}-P 和 O-P 方向转化。这可能是大豆根系酸性磷酸酶活性高、根际 pH 下降的作用。由于植物遗传生理特性的差异，导致种植作物后根际土壤 pH 的差异。作物在磷胁迫下根系分泌有机酸或根系对阴阳离子吸收的不平衡，都可使根际 pH 下降。豆科作物无论何种形态的氮和介质 pH 都下降，豆科作物在固氮过程中根际 pH 也下降。可见利用不同作物根系生理特性的差异，进行间套复合种植后，引起根际 pH 改变和促进磷素养分的吸收是完全可能的。

2 材料与方法

2.1 试验材料与方法

  长期定位试验始于 1984 年，试验地位于黄土高原中南部陕西省长武县十里铺村（东经 107°40′，北纬 35°12′）旱地上，海拔 1 200m，多年平均气温 9.1℃，≥0℃ 活动积温 3 866℃，≥10℃ 活动积温 3 029℃，无霜期 171d，作物为一年一熟，属暖温带半湿润大陆性季风气候（Hao et al., 2005）。试验地的地貌特征、土壤养分含量在黄土高原同类地区具有典型代表性。试验地土壤为黏化黑垆土，母质是深厚的中壤质马兰黄土，全剖面土质均匀疏松，通透性好，肥力中等，耕层土壤。田间持水量为 21%～24%，萎蔫湿度为 9%～12%，土壤稳定湿度为 15.5%（何晓雁，2010）。试验开始时，耕层土壤养分含量为有机质 10.5g/kg、全氮 0.57g/kg、碱解氮 37.0mg/kg、全磷 0.659g/kg、有效磷 3.0mg/kg、速效钾 129.3mg/kg，pH（H_2O）为 8.24，土壤肥力属中等水平，地下水埋深 60m 以下，是典型的旱作雨养农业区（陈磊，2006）。1957—2013 年平均年降水量为 582.5mm，其中休闲期降水量为年降水量的 55%，1984—2012 年的降水量和降水年型如图 2-1。

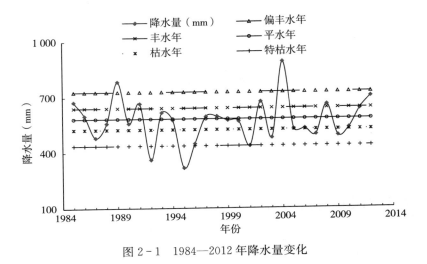

图 2-1　1984—2012 年降水量变化

2.2　试验设计

2.2.1　施肥长期定位试验

　　小麦施肥的 6 个处理：不施肥（CK）、单施氮肥（N）、单施磷肥（P）、单施有机肥（M）、氮磷肥配施（NP）、氮磷有机肥配施（NPM）。各处理均为 3 次重复。小区面积 6.5m×10.3m≈67m²，随机区组设计。小区间距 0.5m，区组间距 1m，四周留走道各 1m。试验所用的氮肥（尿素）为纯 N 120kg/hm²，磷肥（过磷酸钙）为 P_2O_5 60kg/hm²，有机肥为厩肥 75t/hm²（有机质含量 106g/kg，全氮 2.65g/kg，碱解氮 3.65mg/kg，有效磷 0.11g/kg）（何晓雁，2010）。土壤喷洒农药进行消毒灭菌，防治地下害虫。

2.2.2　肥料长期定位试验

　　以磷肥为基本的供试因子，设置五个水平（P_0、P_1、P_2、

P_3、P_4）配比氮形成 5 个处理。P_0、P_1、P_2、P_3、P_4 分别指施 P_2O_5 量为 0、45、90、135、180kg/hm^2，氮肥为底肥，施肥量为 90kgN/hm^2。试验小区面积为 5.5m×4m，3 次重复，按顺序排列，小区间距 0.5m，区组间距 1.0m。试验所用的氮肥为尿素，磷肥为过磷酸钙。

供试作物为冬小麦，小麦品种 1984 年和 1985 年用秦麦 4 号，1986—1995 年用长武 131，1996 年以后用长武 134，播种期为 9 月 12—29 日，小麦收获期为 6 月下旬。

2.2.3 轮作苜蓿长期定位试验

本试验选取长期定位试验粮草轮作施肥系统中的苜蓿种植系统，即粮草轮作施肥系统，共有 8 个处理（苜蓿—苜蓿—苜蓿—苜蓿—马铃薯—小麦—小麦—小麦），其中苜蓿处理 4 个：施 NP 肥，120kg N/hm^2 和 60kg P$_2$O$_5$/hm^2，所用的氮肥为尿素，磷肥为过磷酸钙，肥料于播种前撒施后，翻入土中，田间管理同大田。每个处理设 3 次重复，小区面积 6.5m×10.3m≈67m^2，随机区组设计。试验从 1984 年开始连续种植苜蓿，本试验于 2011 年 9 月中旬采集 0～20cm 耕层土样，土样风干过筛处理。

2.2.4 测定项目

（1）样品采集与分析

2010 年 9 月 22 日播种，2011 年 6 月 23 日收获，播种量 225kg/hm^2，肥料于播种前撒施后，翻入土中，田间管理同大田。

收获后采集各处理 0～200cm 土壤剖面土样，其中每 20cm 采一个样，自然风干，分别过 1、0.25 和 0.15mm 筛。

1991 年和 2001 年土样为遗留陈旧土样。

（2）测定项目及分析方法

植物全磷含量测定：H_2SO_4 - H_2O_2 酸溶-钒钼黄比色法。

土壤全磷含量测定：H_2SO_4 - $HClO_4$ 酸溶-钼锑抗比色法。

土壤速效磷含量测定：0.5mol/L $NaHCO_3$ 浸提-钼锑抗比色法。

土壤无机磷组分测定采用顾益初-蒋柏藩法（1990）。

具体实验步骤如表 2-1：土壤有机磷组分测定采用 Bowman - Cole 法分析（严昶升，1998）（图 2-2）。

表 2-1　顾益初-蒋柏藩法土壤无机磷分级浸提程序表

Soil	$NaHCO_3$					
S1	ppt1	NH_4AC				
	S2	ppt2	NH_4F			
		S3	ppt3	$NaOH - Na_2CO_3$		
			S4	ppt4	$Na_3cit - Na_2S_2O_4 - NaOH$	
				S5	ppt5	H_2SO_4
					S6	ppt6
$Ca_2 - P$	$Ca_8 - P$	$Al - P$	$Fe - P$	$O - P$	$Ca_{10} - P$	

注：表中 ppt 为沉淀；Na_3cit 为柠檬酸钠。

土壤微生物量磷测定：氯仿熏蒸，0.5 mol/L $NaHCO_3$（pH8.5）提取，微生物磷的计算中转换系数采用 0.4（鲍士旦，1999）。

（3）计算公式

增产率 =（施肥区产量 - 无肥区产量）/ 无肥区产量 × 100%

式(1)

肥料对产量的贡献率 =（施肥区产量 - 无肥区产量）/

施肥区产量 × 100%　　式(2)

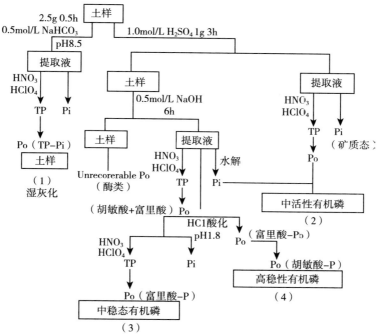

图 2-2　Bowman-Cole 法土壤有机磷分级浸提程序图

肥料交互作用的连应值 ＝ 肥料配施的增产量 －

各肥料单施的增产量　　式（3）

$$PU = WY \times G + WY \times S \qquad 式（4）$$

式中，PU 为作物含磷量（kg/hm²），WY 为小麦产量（kg/hm²），G 为籽粒含磷量（％），S 为秸秆磷含量（％）。

P 肥利用率（％）＝（施 P 区地上部吸 P 量 － 对照区地

上部吸 P 量）/ 施 P 量×100　　式（5）

P 肥偏生产力（kg/kgP）＝ 施 P 区产量 / 施 P 量　式（6）

P 肥农学效率（kg/kgP）＝（施 P 区产量 － 不施 P 区产量）/

施 P 量　　　　　　式（7）

P 肥生理效率(kg/kgP) ＝（施 P 区产量－不施 P 区产量）/

（施 P 区吸 P 量－不施 P 区吸 P 量）

式（8）

$$\Delta Pi = C_{Pi} - C_{P_0} \qquad 式（9）$$

式中，ΔPi 无机磷各组分增量（mg/kg），C_{Pi} 为施磷后无机磷各组分含量（mg/kg），C_{P_0} 为不施磷肥无机磷各组分含量（mg/kg）。

$$V_{Pi} = \Delta Pi/(Y_{Pi} - 1984) \qquad 式（10）$$

式中，V_{Pi} 为无机磷组分的年变化量（mg/kg），ΔPi 无机磷各组分增量（mg/kg），Y_{Pi} 为所测无机磷含量的年份，1984 年为试验起始年份。

无机磷转化率 ＝（某形态无机磷的增加量 /

无机磷总增加量）×100％ 式（11）

有机磷转化率计算方法与公式（11）相同。

3 区域磷肥施用状况分析

为了摸清陕西省磷肥应用状况和耕地磷素变化状况，以长武为例，我们分析了长武县 1949—2011 年的农户信息监测资料和部分农户调查数据资料，并查阅了陕西省农业统计资料和农业生产资料使用情况，初步掌握了长武县化肥应用的变化规律和现状，分析结果如下。

3.1 化肥应用状况

3.1.1 不同时期无机肥料的施用量

3.1.1.1 不同时期化肥的施用量

查阅陕西省相关农业统计资料（1949—2012 年）的数据，及相关农户调查，发现长武县从 1949 年到 1957 年从未施用化肥（图 3 - 1）。从 1958 年 1t 开始，呈逐渐增加趋势，1970 年 1 078t、1976 年 2 961t、1982 年 5 430t、1988 年 9 736t、1990 年 14 345t、1993 年 22 338t，至 1999 年以后达到 29 780t，后保持稳定阶段。自 20 世纪 90 年代以来，大幅增加化肥的施用量，到 20 世纪末开始稳定施肥。

3.1.1.2 不同时期氮肥的施用量

在早期化肥的施用种类单一，仅有氮肥，从 1958 年到 1970

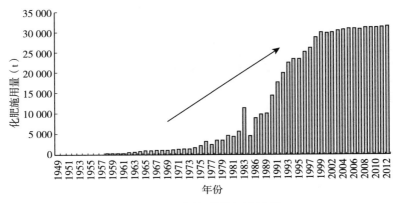

图 3-1　不同年份化肥施用量

年的 12 年间，施用氮肥的量从 1t 增加到 1 078t，平均年增长量约为 90t（图 3-2）。在 1980 年以后我国以进口氮肥为主，数量超过了磷、钾肥之总和。从 1990 年开始，氮肥的施用量明显增加。由 1990 年的 7 032t 增加到 1999 年的 16 900t，10 年增加了近 10 000t，平均年增加 1 000t。

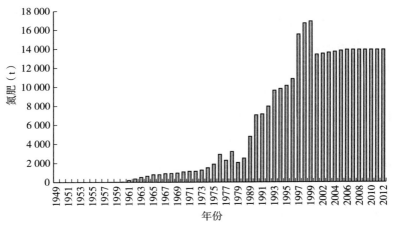

图 3-2　不同年份氮肥施用量

3.1.1.3 不同时期磷肥的施用量

从 1997 年起，中国以进口磷钾肥为主，氮肥主要是复合肥中的氮和少量尿素（林葆和李家，2002）。这对增加中国磷、钾化肥用量，调整氮磷钾比例起到了重要作用。由图 3-3 可以看出，1971 年长武县开始施用磷肥，由 1971 年的 12t 到 1978 年的 59t，增施量相当少，1979 年迅速增长到 1 318t。自 1979 年以后，磷肥施量的增长速度迅猛，至 1994 年达到了 10 399t，随后发现大量施磷肥后，作物的增产效果不明显，后开始减少磷肥的施用量，至 1997 年减少为 7 540t，以后又逐渐增加磷肥用量。

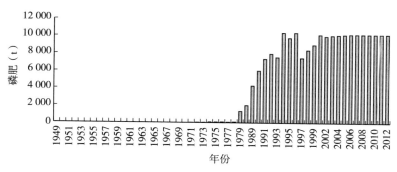

图 3-3 不同年份磷肥施用量

3.1.1.4 不同时期钾肥的施用量

长武县大规模施用氮肥的历史已经有半个多世纪，大规模施用磷肥的历史有 40 年以上，而大规模施用钾肥仅 20 余年。由图 3-4 可知，钾肥的施用从 1989 年开始，施用量仅 69t，次年开始大幅增长，自 20 世纪 90 年代以后，钾肥施用量在 1 000～1 500t，变化幅度较小。本章研究区域土壤属黑垆土，其含矿质养分丰富，全钾含量 1.6%～2.0%，钾的贮量比较多，交换钾含量也较丰富，植物缺钾的范围和程度远小于南方酸性土壤。钾元素也是土壤中移动性较弱的养分元素（李芳林，2007），土壤水分含量对其移动性有重要影响。因此，在黄土高原干旱地区或干旱季节，作物也会出现缺钾现象。故施钾肥是必要的，但是量比较少。

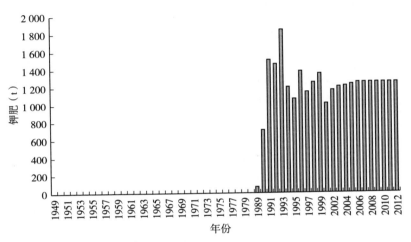

图 3-4　不同年份钾肥施用量

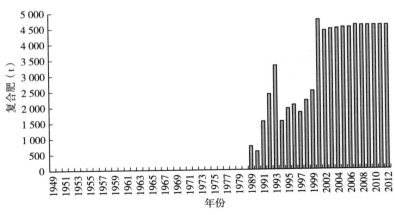

图 3-5　不同年份复合肥施用量

3.1.1.5 不同时期复合肥及其他肥的施用量

复合肥的首次使用时间与钾肥的相同，均为 1989 年，施用量为 747t，为同期钾肥施用量的 10.8 倍（图 3-5）。其他化学肥料的使用时间较晚，为 1994 年，施用量也较少，2012 年最大量为 1 200t（图 3-6）。此时期当地农民已经有了施肥的意识，其他肥料的施用量有逐渐增加的趋势。

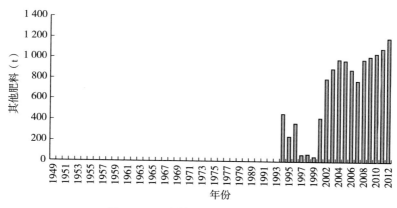

图 3-6 不同年份其他肥料施用量

总之，无机肥的施用量在 2002 年之前都在增加，2002—2006 年有增加的趋势，在 2006 年之后基本保持不变。

3.1.2 不同时期产量和养分的变化

3.1.2.1 不同时间施用化肥的增产效果研究

长武县 1965 年开始进行施用化肥试验，作物为小麦，由图 3-7 可以发现，单施氮肥增产率最高达 8.3%，单施磷肥增产 14.5%，氮磷配施增产 16.1%，单施氮肥和单施磷肥每千克养分增产分别为 14.2、8.0kg，氮磷配施每千克养分增产高达 15.8kg；20 世纪 80 年代初单施氮肥增产 15.6%，单施磷肥增产 16.1%，氮磷配施增产 10.7％，每千克养分增产中，单施氮肥和单施磷肥分别为 9.2kg、7.5kg，氮磷配施每千克养分增产高达 10.7kg；到了 80 年代末期，施用氮肥的增产率基本稳定在 15％以上，但施用磷肥的增产率降为 4％，在 2006 年单施氮肥增产的增产率达 6.6％，单施磷肥增产 2.7％，氮磷配施增产 21.5％，单施氮肥和单施磷肥每千克养分增产分别为 2.3、1.8kg，氮磷配施每千克养分增产只有 5.0kg；化肥的增产效果大大降低。

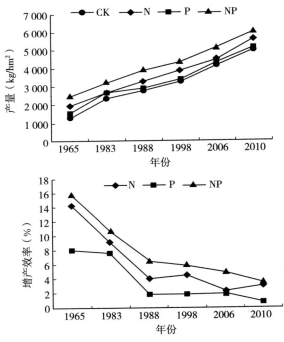

图 3-7　不同年份小麦产量和增产效率

几个不同时期施肥试验是在长武县农技中心基地上同一地块上进行的，若以不施肥区作为地力水平，1965 年的地力水平为 5.76kg/hm²，最大增产量为 5.26kg/hm²，增产率为 91.2％；到

2010 年地力水平增加了 3.9 倍,不施肥区产量可达 335.9kg/hm²,最大增产量为 4.22kg/hm²,增产率为 18.8%。不同历史时期最大增产量在 4.02~5.26kg/hm²。故培肥地力、提高土地生产力是一项长期任务。

3.1.2.2 不同时期土壤肥力变化

长武县土壤有机质、全磷、速效磷、全氮都呈现出缓慢增长的趋势,速效氮呈现出不规则变化,速效钾呈现下降态势(图 3-8)。其中土壤全磷平均年增加 0.024 5g/kg,土壤速效磷平均年增加 1.23mg/kg,土壤全氮平均年增加 0.026g/kg,土壤

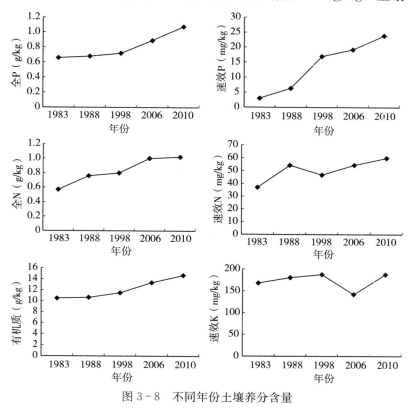

图 3-8 不同年份土壤养分含量

有机质平均年增加 0.25g/kg，随着土壤肥力的增加，化肥的增产作用、化肥的利用效率逐渐下降，施用化肥的经济效益也呈现出大幅下降的态势。

3.2 磷肥应用状况

3.2.1 农户施磷量

3.2.1.1 农户粮油作物平均施磷量

1986—2011 年 265 户农户粮油作物平均施磷量（表 3-1）统计数据显示：从小麦、玉米、水稻、油菜的平均施磷量来看，整体上 1986—1990 年小麦、玉米、油菜的年平均施磷量为 16.88、4.22、32.34kg/hm²，处于较低水平；1994—2005 年小麦、玉米、油菜的年平均施磷量为 49.32、23.76、75.70kg/hm²；2006—2011 年小麦、玉米、油菜的年平均施磷量为 81.38、40.90、112.77kg/hm²，较 1986—1990 年有大幅提高。各作物施磷量年度变化趋势表现为，1994—2005 年小麦施磷量变化范围为 34.7～60.8kg/hm²；玉米施磷量较小，变化范围为 17.1～27.8kg/hm²；油菜变化范围最大 49.2～99.0kg/hm²，基本上属于稳定增长状态。由以上数据可以分析出，20 世纪 80 年代至 90 年代初，磷肥施用属推广期，表现为用量快速攀升，主要粮食作物施磷量成倍增加，2005 年、2006 年以后主要粮食作物施磷量基本稳定，变化不大。

表 3-1 粮油作物平均施磷量（P_2O_5）（kg/hm²）

年份	小麦	玉米	油菜
2011	90.0	56.3	117.0
2010	94.5	45.0	111.5

年份	小麦	玉米	油菜
2009	85.5	40.5	105.8
2008	78.8	29.3	113.8
2007	72.0	33.8	111.5
2006	67.5	40.5	117.0
2005	60.8	27.0	99.0
2004	54.0	22.5	92.3
2003	51.8	22.5	78.8
2002	49.5	24.8	76.5
2001	34.7	17.1	71.3
2000	49.4	27.8	77.3
1999	44.4	23.0	92.3
1998	52.1	25.2	56.3
1997	50.6	24.3	76.5
1996	54.0	25.4	65.7
1995	45.8	23.0	49.2
1994	44.7	22.5	73.2
1990	18.5	3.6	43.2
1989	18.6	4.2	37.7
1988	14.3	4.4	12.6
1987	16.8	5.4	32.3
1986	16.2	3.5	35.9

3.2.1.2 农户果树施磷现状

2011年农户果树施磷调查情况（表3-2）显示：长武县主要的3种果树平均施磷量（P_2O_5）有一定差异，苹果施磷量最大、桃次之、梨最少。从平均施磷量数值上看，以中产果园为例，苹果施磷量超过了适宜用量，桃施磷量不足，梨施磷量适宜，反映出果树施磷问题较多。

表 3-2　2011 年农户果树施磷量（P_2O_5）（kg/hm²）

果树	幼龄果园	高产果园	中产果园	低产果园	加权平均
苹果	217.5	622.5	463.5	318.1	433.5
桃	132.8	501.8	189.3	—	229.5
梨	327.0	—	304.5	—	303.9

3.2.2　土壤磷素变化

3.2.2.1　耕地肥力比例变化

表 3-3 是对 65 个农户总耕地按肥力分类的统计情况，高、中、低肥力是根据产量指标来划分的。统计显示，2003—2011 年近十年间长武县中肥力耕地占总耕地面积的比例变化不大，大体稳定在 30%～35%的区间内；高肥力耕地比例缓慢上升，2011 年比 2004 年上升了 10.9 个百分点；低肥力耕地比例相应下降。

表 3-3　耕地肥力比例表（%）

肥力水平	2011 年	2010 年	2009 年	2008 年	2007 年	2006 年	2005 年	2004 年	2003 年
高肥力	54.3	51.8	48.4	49.8	51.0	43.5	46.0	48.4	43.4
中肥力	32.3	33.9	32.2	33.3	32.0	38.3	35.0	31.7	21.6
低肥力	13.5	14.4	19.4	16.9	17.0	18.2	19.0	19.9	35.0

3.2.2.2　土壤磷素归还

由于农户在主要粮油作物上施磷量变化不大，主要粮油作物产量变化也不大，根据某年产量和施磷量就可大致估算土壤磷素归还率。表 3-4 列出了陕西省典型的两种粮食作物种植模式，陕南川道小麦水稻轮作和长武县小麦玉米轮作典型的磷素归还情况：

从两种种植模式磷素归还率来看，在有机肥投入的情况下，磷素的归还率基本处于平衡状态，可以讲目前磷肥施用量可以维持现在耕地土壤速效磷含量水平。两种种植模式中小麦水稻轮作模式归还率较高，这在土壤中每年净增加速效磷量约为 18kg/hm²，长时间施肥会造成土壤磷素富积。

表 3-4　不同种植模式磷素归还率（kg/hm²）

模式	产量		施磷肥量（P₂O₅）		农家肥	归还率（%）
	小麦	水稻/玉米	小麦	水稻/玉米		
小麦水稻轮作	3 525	7 965	49.5	60.0	30 000	111
小麦玉米轮作	3 600	5 475	52.0	25.5	30 000	102

3.3　存在问题及建议

3.3.1　问题

根据以上对磷肥应用和土壤磷素现状分析，结合多年肥料推广经验，认为目前磷肥应用和土壤磷素现状存在 5 个突出问题。

一是磷肥应用研究滞后于生产需要。现在科研、推广单位对磷肥的应用技术、肥效、环保等方面研究人员少，项目也少，导致磷肥应用许多方面情况不清。这种状况不能满足高产、高效、优质农业发展需要。

二是生产中农户盲目施肥现象普遍存在。生产实际中农户主要凭经验和受农产品市场价格变化引导来施肥，过量施磷与不施磷现象并存，普遍表现出盲目性。据 2012 年调查，果树、蔬菜、大棚作物上施磷问题较多，以苹果为例，36.5% 的农户施磷量偏低，34% 的农户施磷量偏高，只有 29.5% 的农户施磷量适宜。

三是施肥养分比例失调。氮磷钾肥施用比例不符合作物需肥规律，养分利用率不高。

四是缺钾正在成为新的限制因素，影响磷肥肥效。据测土结果，与土壤速效磷的上升趋势相反，与土壤普查数据相比，土壤速效钾含量近十几年不断下降，在个别地方缺钾甚至造成绝收。目前陕西省约有 40％耕地土壤速效钾含量处于缺乏状态。

五是近些年粮食作物产量增加缓慢，一定程度上反映出肥料（包括磷肥）利用率不高。

3.3.2　建议

综合以上分析，我们提出五点建议。

一是不同区域、不同作物磷肥应用的情况不均衡，科研、推广单位应加大磷肥应用研究力度，尽快摸清全面情况，拿出具有针对性的宏观指导方案。

二是由于不同地域、土类、作物等因素不同，施磷的情况差异较大，要提高磷肥肥效，节约成本，生产中就要大力推广测土配肥技术，推广应用配方肥料，才能提高产量、质量和肥效，节约生产成本。

三是研究解决磷肥问题，先要抓住主要部分。目前果树蔬菜等经济作物磷肥用量占磷肥总量的 65％～70％，存在问题比较突出，是目前要研究的重点。

四是提高磷肥肥效还必须考虑磷素与其他营养元素的均衡问题，要把各种营养元素的问题放到一起研究，采取综合措施来解决生产中的实际问题。

五是建立耕地质量监测体系，加强对耕地质量的跟踪监测。

4 施肥对土壤生产力及磷素的影响

陕西省长武县王东沟国家黄土高原综合治理试验区是典型的旱作农业区。这个试验区地处黄土高原沟壑区，农田包括塬面、梁顶条田和梁坡梯田3种类型。20世纪90年代以来旱作农田土壤生产力已发展到新的阶段。

新中国成立初期，黄土台塬区社会人均粮食增长滞缓，1949—1970年，长武县粮食每亩单产徘徊在50kg水平上，22年平均71.9kg。20世纪70年代由于技术改进，中产品种更新和化肥增加，每亩单产跃上100kg的新台阶，随即徘徊10年，10年单产平均57.9kg；80年代由于国家政策的重大突破，化肥较大幅度增加和品种的又一次更新，每亩单产跃上150kg的新台阶，7年平均168.5kg，但又产生了新一轮徘徊；直到1988年产量跃上新的台阶为止，上述每个徘徊阶段分别为20年、10年和7年。前30年每提高50kg单产需要20年和10年。1988年和1989年连续取得了突破（李玉山，1990）。1988年粮食亩均产量结束了历时7年的徘徊，由建立试验区时的168.5kg跃升到274.5kg，1989年又提高到325kg。两年亩均单产增长92.9%。

通过对始于1984年的长武长期定位试验土样和植物样进行分析研究，明确不同施肥种类和施肥水平下磷肥的产量效应、肥料利用率,进而通过比较阐述不同施肥对土壤磷生产能力变化的影响。

4.1 小麦产量的变化

根据长武长期定位试验监测的结果,小麦的产量受施肥种类和施肥量变化的影响较大,肥料配施产量远远大于单施,小麦产量随着施肥年限的延长而呈上升趋势(表 4 - 1);大量施磷肥,产量会增加,但是过量使用磷肥,也会导致土壤磷富集而减产。

4.1.1 不同肥料种类对小麦产量和肥效的影响

4.1.1.1 不同肥料种类对小麦产量的影响

长期施用不同种类肥料小麦增产差异显著。试验结果(表 4 - 1)显示,不同年份,随着施肥年限的增加,产量也呈增加趋势。长期不施肥的土壤养分含量降低,导致土壤生产力大幅度下降。不施肥小麦依据土壤自身肥力维持一定的产量,随着土壤养分耗竭,小麦产量保持在 1 450kg/hm² 左右,这与大气沉降、作物自身根系分泌物等环境养分有关。单施 N 肥,产量 1991—2001 年增产 267.7kg/hm²,2001—2011 年减产 263.2kg/hm²,单施 N 肥,土壤的其他养分大量耗竭,产量减少。单施 P 肥,产量变化趋势与单施 N 肥相同。单施 M 肥,产量随着施肥年限的增加而不断增加,由 1991 年 2 619.8kg/hm² 增产到 3 705.0kg/hm²,增产率为 41.4%。NP 配施和 NPM 配施的小麦产量随施肥年份的增加而不断增加,增产率分别为 25.6% 和 30.2%。

1991 年小麦不施肥的产量为 710.3kg/hm²，单施 N 肥有增产作用，差异显著；单施 P 肥产量却有减少趋势，但差异不显著；单施 M 肥可显著提高产量，增产 1 919.5kg/hm²，增产率为 270.2%；NP 配施的产量效果远远高于单施 N 肥或单施 P 肥，比单施 M 增产 420.0kg/hm²。化肥和有机肥配施均能明显提高产量，在施用 M 肥的基础上施用 NP 的增产效应与单施 N 肥、P 肥的差异达显著水平。化肥和有机肥只有合理配合施用，才能获得最高产量和最佳经济效益。2001 年和 2011 年的小麦产量增长趋势均表现为 NPM＞NP＞M＞N＞CK＞P。三阶段的产量数据显示（表 4-1），单施 P 肥产量最低，低于单施 N 肥和不施肥，说明单施 P 肥对土壤其他养分耗竭的能力大于单施 N 肥对土壤其他养分耗竭的能力。1991—2001 年，土壤养分极度缺乏，在大量施肥以后，产量大幅增加，2001—2011 年土壤养分处于基本稳定期，属于肥养作物时期，小麦产量随着施肥的增加而不断增加，但是增幅并不大，属于稳定增长期。

表 4-1　不同肥料种类的小麦产量及肥料贡献率

处理	产量（kg/hm²）			增产率（%）			贡献率（%）		
	1991 年	2001 年	2011 年	1991 年	2001 年	2011 年	1991 年	2001 年	2011 年
CK	710.3Bd	1 413.8Ad	1 462.8Ac						
P	684.8Cd	1 341.0Ad	1 032.0Bd	−3.60	−5.15	−29.45	−3.72	−5.43	−41.74
N	1 275.8Bc	1 543.5Ac	1 280.3Bd	79.61	9.17	−12.48	44.33	8.41	−14.26
M	2 619.8Cb	3 071.3Bb	3 705.0Ab	268.82	117.23	153.28	72.89	53.97	60.52
NP	3 039.8Ba	3 168.8Bb	3 819.0Ab	327.95	124.13	161.07	76.63	55.38	61.70
NPM	3 200.3Ca	3 607.5Ba	4 168.3Aa	350.50	155.20	185.00	77.80	60.80	64.90

注：同列数字标注不同字母者差异显著（P＜0.05）。大写字母表示相同处理不同年份的差异，小写字母表示不同处理相同年份的差异。下同。

4.1.1.2 肥料对产量的贡献率

肥料贡献率的总趋势是配施的大于单施的（表4-1），不同施肥间的差异较大。不同年份，单施N肥、单施P肥的产量贡献率逐渐减小，单施M肥、NP肥配施和NPM肥配施均表现为先减小后增大，即1991—2001年减小，土壤养分供需达到平衡；2001—2011年增大，施入土壤的肥料远远大于作物的需求，大量肥料累积在土壤中。

NPM肥配施肥料贡献率较N肥、P肥单施化肥肥料贡献率大幅度提高。1991年，NPM肥配施肥料贡献率最大，为77.8%；NP肥配施，为76.63%；肥料配施产量贡献率差异不显著。P肥、N肥和M肥间差异明显，分别是－3.72%、44.33%和72.89%；肥料单施中M的最大，单施P肥效果最差为负值。肥料对产量贡献率的顺序是NPM＞NP＞M＞N＞P。长期施用有机肥有利于培肥土壤，可以大幅度提高肥料的贡献率；有机无机肥配施是提高肥效的有效措施，无机肥料单施其肥料贡献率较低，不及肥料配施。

4.1.1.3 不同施肥交互作用

由表4-1数据得出，1991年，氮肥与磷肥交互作用N×P的连应值为1 789.6kg/hm²，NP/（N＋P）＝4.31；氮磷有机肥交互作用N×P×M的连应值为40.6kg/hm²，NPM/（N＋P＋M）＝1.02。

同法，得出2001年，氮肥与磷肥交互作用的连应值为1 698.1kg/hm²，NP/（N＋P）＝30.84；氮磷有机肥交互作用N×P×M的连应值为479.4kg/hm²，NPM/（N＋P＋M）＝1.28。

2011年，氮肥与磷肥交互作用的连应值为2 969.6kg/hm²，NP/（N＋P）＝－3.84；氮磷有机肥交互作用的连应值为

1 076.6kg/hm², NPM/（N+P+M）=1.66。

由以上数值可以看出，2011 年 N×P 的交互作用为负值，说明肥料 N 肥、P 肥单施增产效果好于 NP 肥配施的效果。小麦施肥中 N×P 的交互作用大于 N×P×M，无机肥配施交互作用大于无机肥与有机肥配施交互作用。产生此现象的主要原因是长期定位试验，随着施肥的增加，土壤养分大量累积，土壤肥力逐渐增加，肥料有效利用率逐渐下降。

4.1.2　不同磷肥用量对小麦产量和肥效的影响

4.1.2.1　不同磷肥用量对小麦产量的影响

长期施用不同量磷肥小麦增产差异显著。试验结果（表 4-2）显示，随着施肥年限和施磷量的增加，产量均呈增大趋势。1991年，产量处于较低水平，施磷肥的年均产量为 1 596.9kg/hm²；2001 年施磷肥的年均产量为 3 015.6kg/hm²，经过十年定量施磷肥，比 1991 年增产 88.84%。2011 年施磷肥的年均产量为 3 214.5kg/hm²，比 2001 年仅增产 6.60%。1991—2001 年的 10年里由于土壤养分匮乏，施肥后土壤养分得到大量补给，产量剧增；2001—2011 年阶段，由于土壤养分的补充逐渐达到了平衡，所以产量增幅逐渐减小。

1991 年随着施磷量的增加，产量翻一番，由 1 056kg/hm²增加到了 2 158.2kg/hm²。P_1 和 P_2、P_3 和 P_4 差异不显著，不施磷肥与施磷肥之间差异显著。2001 年变化趋势同 1991 年。2011年小麦产量出现了随着施磷量的增加而逐渐减少的情况，P_3 处理施磷量达 135kg/hm²，小麦产量达同年最高 3 564.5kg/hm²，继续施磷肥，P_4 处理施磷量为 180kg/hm² 时，小麦产量降低了100.4kg/hm²，减产 2.90%。可见随着施磷量的增加，当土壤磷和其他养分的肥料利用效率达到最大值时，小麦产量最大；再过度施磷肥，作物并不能有效利用，反而导致产量下降。

表 4-2　不同磷肥用量的小麦产量及肥料贡献率

处理	产量（kg/hm²)			增产率（%）			贡献率（%）		
	1991 年	2001 年	2011 年	1991 年	2001 年	2011 年	1991 年	2001 年	2011 年
CK	710.3Bd	1 413.8Ae	1 462.8Ad						
P_0	1 056.2Cc	1 959.5Bd	2 385.3Ac	48.71	38.60	63.07	32.76	27.85	38.68
P_1	1 237.6Cb	3 038.2Bc	3 123.7Ab	74.25	114.91	113.55	42.61	53.47	53.17
P_2	1 431.0Cb	3 180.7Bb	3 535.2Aa	101.48	124.98	141.68	50.37	55.55	58.62
P_3	2 101.2Ba	3 407.0Aa	3 564.5Aa	195.84	140.99	143.68	66.20	58.51	58.96
P_4	2 158.2Ba	3 492.5Aa	3 464.0Aab	203.86	147.04	136.82	67.09	59.52	57.77

4.1.2.2　不同磷肥用量对产量的贡献率

不同磷肥用量肥料贡献率同一处理随着施肥年限的增加有增大的趋势，同一年份随着施磷肥量的增加有增大的趋势，不同施肥间的差异不明显（表 4-2）。随着施肥年份的增加，肥料的产量贡献率在 P_0 和 P_3 处理中呈现先减小后增大，P_1 处理先增大后减小，P_2 处理中呈逐渐增大趋势，P_4 处理中呈逐渐减小趋势且差异不显著。

在 1991 年和 2001 年中，随着施肥量的增大肥料的产量贡献率逐渐增大，1991 年的变化范围为 32.76%～67.09%，2001 年的变化范围为 27.85%～59.52%；2011 年的变化趋势为随着施肥量的增加先增大后减小，即施磷肥量达到 135kg/hm² 时，肥料贡献率最大为 58.96%。从 2011 年的产量的贡献率可以看出，土壤中磷素在施肥量为 135kg/hm² 时已达饱和。大量磷肥施入土壤中，只会引起磷素的累积，而并不能增加产量。

4.2 小麦吸磷量的变化

4.2.1 不同肥料种类对小麦吸磷量的影响

作物吸磷量可以很好地反映作物产量和土壤磷素状态。在长期施肥的条件下，同一处理中，随着施肥年份的增加，小麦吸磷量逐渐增大（表4-3），且各年份间差异显著。从1991—2011年，空白处理小麦吸磷量的减少量为 $1.04kg/hm^2$，NPM处理小麦吸磷量的增量最大为 $4.61kg/hm^2$。单施N、P和M肥的处理小麦吸磷量的增量要小于NP和NPM配施的处理，且单施N肥和P肥处理的增量要远远小于单施M肥、NP和NPM配施的处理。

同一年限，不同施肥处理小麦的吸磷量不同，总体趋势是单施肥小于配方施肥。单施P和N肥小麦吸磷量小于空白处理，且二者与空白的差异显著。1991年，单施M肥与NP肥和NPM肥配施的差异显著，而NP肥和NPM肥配施的差异不显著；随着施肥年限的增加，到2001年三者差异显著；2011年研究结果同2001年。不同肥料的施入对小麦吸磷量的影响均表现为：P<N<CK<M<NP<NPM。

表4-3　不同肥料种类的小麦吸磷量（kg/hm^2）

处理	1991年	2001年	2011年
CK	4.99Ac	4.16ABd	3.95Cd
P	1.90Ce	3.27Be	3.84Ad
N	2.55Bd	3.78Ae	3.92Ad
M	7.78Cb	8.58Bc	10.67Ac
NP	8.51Ca	10.30Bb	12.04Ab
NPM	8.94Ca	11.72Ba	13.55Aa

4.2.2 不同磷肥用量对小麦吸磷量的影响

在长期不断增施磷肥的条件下，相同处理中，小麦吸磷量表现为递增趋势（表4-4），在P_0、P_1、P_2处理中3个年份的差异显著；随着施磷量的继续增加，P_3、P_4处理小麦吸磷量表现为先增加后减少，在2001—2011年的10年中，继续大量施入磷肥，小麦吸磷量减少，P_3处理小麦吸磷量减少量为$0.32g/hm^2$，P_4处理为$0.51g/hm^2$，随着施磷量增加吸磷量的减少量也增大，但增幅远远小于施磷量的增幅。

同一年份随着施磷量的增大，小麦吸磷量也逐渐增大，1991年吸磷量的变化范围为$2.88 \sim 9.16kg/hm^2$，2001年为$4.68 \sim 14.83kg/hm^2$，2011年为$5.29 \sim 14.32kg/hm^2$，可以看出，2001年的变化范围最大。小麦吸磷量最小为1991年的P_0处理$2.88kg/hm^2$，最大为2001年P_4处理$14.83kg/hm^2$。

表 4-4　不同磷肥用量的小麦吸磷量（kg/hm^2）

处理	1991 年	2001 年	2011 年
P_0	2.88Cd	4.68Be	5.29Ad
P_1	3.60Cc	8.32Bd	9.25Ac
P_2	5.34Cb	11.59Bc	13.06Ab
P_3	8.73Ba	13.95Ab	13.63Aab
P_4	9.16Ba	14.83Aa	14.32Aa

4.3　磷素的产量效应

4.3.1　不同肥料种类对土壤磷肥的利用率

磷肥利用率（Apparent recovery efficiency of applied P），

反映了作物对土壤中 P 肥的利用程度，是评价作物对磷素肥料吸收的一个重要指标，又称磷肥回收效率。目前长期施肥的情况下，磷肥利用率已不能反映其现实状况，所测磷肥利用率偏高，原因是其基数相对偏低（赵云英，2009；张福锁，2008）。随着施肥年份的增加，NP 配施的磷肥利用率与 NPM 配施土壤中 P 肥的利用率逐渐增加，单施磷肥却有减小趋势。同一年份，NP 配施的磷肥利用率与 NPM 配施的 P 肥利用率均为正值，单施 P 肥处理却为负值。结果（表 4-5）表明，1991 年单施 P 肥小麦对土壤中 P 肥的回收利用效果最小；在施 P 肥量相同的条件下，NP 配施、NPM 配施可大幅度增加磷肥回收效率，2011 年 NPM 配施小麦对土壤中 P 肥的回收利用效果最好。

磷肥偏生产力（Partial factor productivity from applied P），指单位投入的肥料磷所能生产的作物籽粒产量，是评价肥料效应的适宜指标。随着施肥年份的增加，NP 配施与 NPM 配施的磷肥偏生产力均呈现逐渐增大的趋势。1991 年，在 NP 配施的基础上，再施 M 肥对磷肥偏生产力的影响不大，仅增加了 6.13kg/kgP，为单施 P 肥的 23.4%；2001 年在 NP 配施的基础上增施 M 肥，磷肥偏生产力为单施 P 肥的 32.7%；2011 年在 NP 配施的基础上增施 M 肥，磷肥偏生产力为单施 P 肥的 33.8%。

磷肥农学效率（Agronomic efficiency of applied P），是单位施磷量对小麦籽粒产量增加的反映，也是评价肥料增产效应较为准确的指标。表 4-5 结果表明，各处理之间磷肥农学效率差异显著。随着施肥年份的增加，单施 P 肥的磷肥农学效率逐渐减小且均为负值。NP 配施或 NPM 配施时，磷肥农学效率先减小后增大。1991—2011 年，NPM 配施的磷肥农学效率增加了

8.27kg/kgP，NP 配施增加了 1.02kg/kgP，NPM 配施是 NP 配施的 8.1 倍。同一年份，随着施肥种类的增多，磷肥农学效率逐渐增大，且差异性极显著。1991 年，在单施 P 肥的基础上增施 N 肥或 NM 肥，磷肥农学效率比单施磷肥增加了 92.4% 和 98.6%。至 2011 年，NP 配施和 NPM 配施，磷肥农学效率比单施磷肥增加了 6.4% 和 7.3%。

磷肥生理利用率（Physiological efficiency of applied P），是作物地上部吸收每千克肥料中的磷所获得的籽粒产量的增加量，反映了作物在吸收同等数量磷素时所获得经济产量的效果，是植物体内养分的利用效率。经过长期施肥，单施 P 肥的磷肥生理利用率逐渐增大，NP 配施与 NPM 配施的磷肥生理利用率逐渐减少，NP 配施减少了 176.5kg/kgP，NPM 配施减少了 182.8kg/kgP。1991 年和 2001 年，随着施肥种类的增加，磷肥生理利用率逐渐增大，2011 年却逐渐减小，即 2011 年植物体内养分的利用效率随着施肥种类的增加而减小。

磷肥利用率、磷肥偏生产力、磷肥农学效率、磷肥生理利用率在不同施肥中，反映出来的变化趋势一致，为单施 P 肥最小，NPM 配施最大，NP 配施介于二者之间。长期大量单施 P 肥，导致小幅度产量降低，NP 配施可以大幅增加产量，而真正实现高产还需化肥有机肥相互配施。

4.3.2 不同磷肥用量对土壤磷肥的利用率

不同肥料施用量的磷肥利用率可以看出（表 4-6），在施磷量较少的 P_1 和 P_2 处理中，随着施肥年份的增加，磷肥利用率逐渐增大；在施磷量较多的 P_3 和 P_4 处理中，随着施磷肥年份的增加，磷肥利用率整体呈增大趋势，1991—2001 年逐渐增加，但

表 4-5 不同肥料种类的肥料利用效率

处理	施P量 (kg/hm²)	P肥利用率 PUE (%)			P肥偏生产力 PEP_P (kg/kgP)			P肥农学效率 AEP (kg/kgP)			P肥生理利用率 PPE (%)		
		1991年	2001年	2011年	1991年	2001年	2011年	1991年	2001年	2011年	1991年	2001年	2011年
P	60	-11.59c	-3.34c	-0.41c	26.14b	51.19c	39.39c	-0.97b	-2.78c	-16.44c	12.43c	81.29c	374.33a
NP	60	13.20b	23.02b	30.33b	116.03a	120.96b	145.78b	88.92a	66.99b	89.94b	510.71b	285.85b	334.17b
NPM	60	14.81a	28.35a	36.00a	122.16a	137.71a	159.11a	95.05a	83.74a	103.27a	499.14a	290.09a	316.32c

注：同列数字标注不同字母表示差异显著（P<0.05）。

表 4-6 不同磷肥用量的肥料利用效率

处理	施P量 (kg/hm²)	P肥利用率 PUE (%)			P肥偏生产力 PEP_P (kg/kgP)			P肥农学效率 AEP (kg/kgP)			P肥生理利用率 PPE (%)		
		1991年	2001年	2011年	1991年	2001年	2011年	1991年	2001年	2011年	1991年	2001年	2011年
P₁	45	3.60c	18.20a	19.80a	62.99a	154.63a	158.98a	9.23c	54.90a	37.58a	253.14a	296.26a	186.30a
P₂	90	6.15	17.28ab	19.43a	36.42b	80.94b	89.96b	9.54c	31.08b	29.26b	152.57c	176.69b	147.93b
P₃	135	9.75a	15.45b	13.90b	35.65b	57.80c	60.47c	17.73a	24.56c	20.00c	178.73b	156.13c	141.33b
P₄	180	7.85	12.69c	11.29c	27.46c	44.08d	44.44d	14.02b	19.51d	13.73d	175.56b	151.02c	119.41c

注：同列数字标注不同字母表示差异显著（P<0.05）。

是 2001—2011 年却有减少的趋势,减少幅度较小,差异不显著。1991 年,随着施磷量的增加,小麦对土壤中磷肥利用效率 P_3 处理最大为 9.75%。2001 年和 2011 年,随着施肥量的增加,小麦对土壤中磷肥利用效率逐渐减小。

随着施肥年限的增加,各处理磷肥偏生产力逐渐增大,2011 年,P_1 处理的磷肥偏生产力最大为 158.98kg/kgP;同一年份,随着施磷量的增加磷肥偏生产力逐渐减小,1991 年 P_4 处理的磷肥偏生产力最小为 27.46kg/kgP。

研究结果表明,1991—2001 年各处理的磷肥农学效率逐渐增大,2001—2011 年各处理的磷肥农学效率逐渐减小,各处理间差异显著。1991 年,P_1 处理的农学效率最小仅为 9.23kg/kgP;P_3 处理的农学效率最大为 17.73kg/kgP。2001 年和 2011 年,随着施磷量的增大,各处理的磷肥农学效率逐渐减小,2001 年磷肥农学效率为 19.51~54.90kg/kgP;2011 年磷肥农学效率为 13.73~37.58kg/kgP。

由表 4-6 看出,1991—2011 年的长期施磷肥,各处理的磷肥生理利用率降低;P_0 和 P_1 处理的磷肥生理利用率在 1991—2001 年增大,2001—2011 年减小,其值均小于 1991 年。同一年份,随着施肥量的增大,各处理的磷肥生理利用率降低。磷肥生理利用率最小为 2011 年的 P_4 处理,仅为 119.41%,最大为 2001 年的 P_1 处理,为 296.26%。少量施 P 肥的 P_1 处理和大量施 P 肥的 P_4 处理差异极显著。

磷肥利用率、磷肥偏生产力、磷肥农学效率、磷肥生理利用率在不同施磷量中,同一年份,反映出来的变化趋势基本一致,为 P_1 处理最大,P_4 处理最小,P_3 处理小于 P_2 处理,即同一施肥年份,随施磷量增大,各磷肥效率逐渐减小。同一处理,随着施肥年限的增加,各磷肥效率逐渐增大。

4.4 土壤磷养分的变化

4.4.1 不同肥料种类对土壤磷养分的影响

4.4.1.1 不同肥料种类对耕层土壤全磷和速效磷含量的影响

随着施肥年限的增加，各施肥处理的土壤全磷含量呈增长趋势。单施 N 肥的土壤磷素得不到补给，2011 年土壤全磷含量比 1991 年减少 14.5%。单施 P 肥的土壤全磷含量增加显著，2011 年土壤全磷含量比 1991 年增加 54.7%。NP 配施土壤全磷含量增加最大，2011 年土壤全磷含量比 1991 年增加 75.0%。1991 年 NP 配施全磷含量比单施 N 肥增加 4.8%，比单施 P 肥增加 8.3%；2001 年 NP 配施全磷含量比单施 N 肥增加 27.6%，比单施 P 肥增加 1.8%；2011 年 NP 配施全磷含量比单施 N 肥增加 80.7%，比单施 P 肥增加 13.5%（表 4-7）。配施肥对土壤的培肥作用随着施肥年限的增加逐渐显现出来。

施肥对速效磷含量的影响极显著。随着施肥年限的增加，空白处理和单施 N 处理的土壤速效磷含量减少，单施 P 肥、单施 M 肥、NP 肥配施和 NPM 肥配施均使土壤速效磷含量逐渐增加。NPM 配施较其他施肥方式可显著提高土壤的速效磷含量，促进土壤磷素向有效态转化，1991 年 NPM 配施比单施 P 肥增加 184.6%，比单施 M 肥增加 88.0%；2001 年 NPM 配施比单施 P 肥增加 124.2%，比单施 M 肥增加 44.0%；2011 年 NPM 配施比单施 P 肥增加 106.1%，比单施 M 肥增加 2.2%。可见，随着施肥年限的增加，肥料在土壤中大量累积，M 肥培肥土壤的能力逐渐增强。

表 4-7　不同肥料种类的土壤全磷和速效磷含量

处理	全磷（g/kg）			速效磷（mg/kg）		
	1991 年	2001 年	2011 年	1991 年	2001 年	2011 年
CK	0.62Ac	0.59Bc	0.58B	3.10Ad	2.18Be	1.52Cd
N	0.62Ac	0.58Ac	0.53B	4.90Ad	4.34Ae	2.50Bd
P	0.60Cbc	0.73Bb	0.92Ab	14.80Cc	21.27Bc	28.43Ab
M	0.63Cb	0.72Bb	0.88Ab	22.40Cb	33.13Bb	58.60Aa
NP	0.65Cbc	0.74Bb	1.05Aab	13.02Cc	14.70Bd	15.57Ac
NPM	0.70Ca	0.87Ba	1.18Aa	42.11Ca	47.70Ba	57.32Aa

4.4.1.2　不同肥料种类对剖面土壤全磷和速效磷含量的影响

土壤全磷作为土壤中潜在磷源，是土壤有效磷的最初来源。而与其他大量营养元素相比，土壤磷素的含量相对较低。不同施肥耕层土壤的全磷含量发生了明显变化，增施磷肥可提高土壤耕层的全磷含量。0～200cm 剖面内，随土层深度的增加，全磷含量降低。1991 年，在 80cm 处单施 N 肥处理全磷含量降至最低点 0.36g/kg；80cm 以下剖面全磷含量缓慢升高，最终在 100cm 处达到稳定；此时 CK、单施 N 肥、单施 P 肥、单施 M 肥、NP 配施、NPM 配施 6 个处理全磷含量分别为 0.50、0.43、0.44、0.46、0.45、0.45g/kg。2001 年，在 80cm 处空白处理全磷含量降至最低点 0.39g/kg；在 100cm 处达到稳定状态；CK、单施 N 肥、单施 P 肥、单施 M 肥、NP 配施、NPM 配施 6 个处理全磷含量分别为 0.47、0.48、0.53、0.54、0.55、0.57g/kg。2011 年，在 60cm 处 P_2 处理全磷含量降至 0.43g/kg，最终仍在 100cm 处达到稳定状态，CK、单施 N 肥、单施 P 肥、单施 M 肥、NP 配施、NPM 配施 6 个处理全磷含量分别为 0.46、0.51、0.67、0.60、0.71、0.78g/kg。随着施肥年限的增加，CK 处理和单施 N 肥处理土壤剖面全磷含量在逐渐减少，单施 P 肥、单施 M 肥、NP 配施、NPM 配施 4 个处理的土壤剖面全磷含量在逐渐增加。可以认为 0～20cm 为土壤全磷显著累积层，20～100cm 为全磷含量累积亏损交错层，100～200cm 为全磷含量轻度累积层。这与他人研究结果一致（来璐等，2003）。

作物从土壤中吸收磷素，土壤有效磷的含量是其磷素丰缺主要指标。经过长期定位施肥处理，土壤速效磷耕层含量发生了显著变化。单施氮肥土壤速效磷含量很低，说明单施氮肥对磷的有效性转化强度较低。增施磷肥可提高速效磷含量，改善耕层土壤磷素的有效性，各处理间差异不显著。土壤有效磷的剖面分布特征表现为在耕层有一定累积，耕层以下剧减（图 4-1）。速效磷主要累积在 0～60cm 土层中，在 60cm 土层以下变化趋势减缓，在 60cm 处为整个剖面最低点，在 60cm 左右达到稳定。1991 年，CK、单施 N 肥、单施 P 肥、单施 M 肥、NP 配施、NPM 配施 6 个处理速效磷含量分别为 0.95、1.45、0.67、1.29、1.37、0.69mg/kg；2001 年，上述 6 个处理速效磷含量分别为 0.67、1.29、0.96、1.91、1.55、0.78mg/kg；2011 年，6 个处理速效磷含量分别为 0.47、1.28、3.33、3.38、1.85、1.06mg/kg。60～200cm 土层各处理有效磷含量显著增加。可以认为 0～20cm 为土壤速效磷显著累积层，20～60cm 为全磷含量累积亏损交错层，60～200cm 为全磷含量轻度累积层。这与他人研究结果一致（樊军等，2001）。图 4-1 还看出，土壤耕层磷含量高于剖面，这是因为土壤磷素向下的移动性很小，导致耕层大量累积。

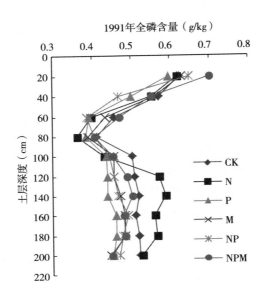

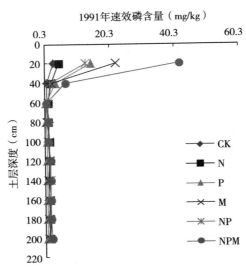

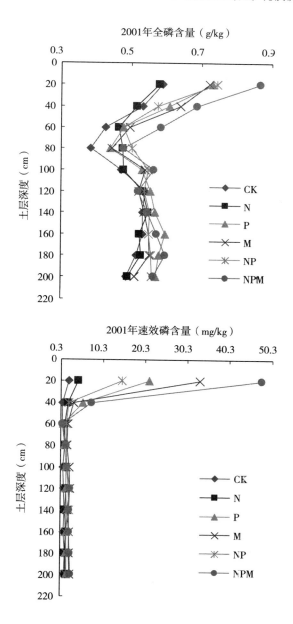

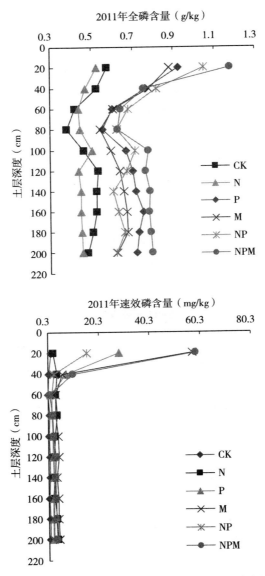

图 4-1 不同肥料种类剖面土壤全磷和速效磷含量

4.4.2 不同磷肥用量对土壤磷养分的影响

4.4.2.1 不同磷肥用量对耕层土壤全磷和速效磷含量的影响

由表 4-8 得出，随着施肥年份的增加，不施磷肥处理的耕层土壤全磷含量逐渐降低；增施磷肥后，土壤全磷含量逐渐增加，且同一处理各施肥年间差异显著。1991 年，P_1 和 P_2 处理全磷含量低于空白处理，P_3 和 P_4 处理全磷含量大幅增加，当施磷量为 $180kg/hm^2$ 时，土壤全磷含量最大为 1.18 g/kg。实验数据表明，同一年份，随着施磷量的持续增加，土壤全磷含量继续增加。

表 4-8 不同磷肥用量的土壤全磷和速效磷含量

处理	全磷（g/kg）			速效磷（mg/kg）		
	1991 年	2001 年	2011 年	1991 年	2001 年	2011 年
P_0	0.84Ab	0.79Bc	0.68Cd	5.01Ad	3.91Bd	3.30Ce
P_1	0.73Cc	0.89Bc	0.96Ac	9.32Cc	10.80Bc	15.17Ad
P_2	0.78Cbc	1.00Bb	1.07Abc	10.10Cc	17.21Bb	27.95Ac
P_3	1.14Ba	1.21Aa	1.22Ab	15.40Cb	39.63Ba	42.05Ab
P_4	1.18Ca	1.29Ba	1.48Aa	19.10Ca	40.37Ba	47.18Aa

施磷肥量对速效磷含量的影响极显著。随着施肥年份的增加，不施磷肥土壤的速效磷含量的变化趋势为逐渐降低；其他 4 个施磷处理，随着施肥年份的增加速效磷含量逐渐增大。P_0 处理不施磷肥，土壤速效磷含量最少，增施磷肥可大幅增加速效磷含量，2011 年随着施磷量的增加，速效磷的增幅分别为 78.2%、88.2%、92.1%、93.0%。P_4 处理施磷量最大 $180kg/hm^2$，较其他施肥量处理可显著提高土壤速效磷含量，促进土壤磷素向有效

态转化。增施磷肥使得土壤中磷素大量累积，对速效磷的影响与全磷的趋势一致。长期单施氮肥（P_0）土壤磷养分极度缺乏，氮磷肥配施可有效改善土壤供磷状况。当增施磷肥量至$180kg/hm^2$时，能显著增加土壤中的全磷和速效磷的含量，提高养分有效性，从而培肥土壤。

4.4.2.2　不同磷肥用量对剖面土壤全磷和速效磷含量的影响

经过不同施肥量处理，耕层土壤的全磷含量发生了明显变化，增施磷肥可提高土壤耕层的全磷含量。$0\sim200cm$剖面内，随土层深度的增加，全磷含量降低。1991年，在80cm处P_3处理全磷含量降至最低点0.43g/kg；80cm以下剖面全磷含量又开始缓慢回升，最终在100cm左右达到稳定；5个处理全磷含量分别为0.46、0.47、0.52、0.54、0.56g/kg。2001年，在80cm处P_0处理全磷含量降至最低点0.42g/kg；在100cm处达到稳定状态，此时5个处理全磷含量分别为0.50、0.54、0.57、0.58、0.59g/kg。2011年，在60cm处P_2处理全磷含量降至0.43g/kg，最终仍在100cm处达到稳定状态（图4-2）。图4-1还可以看出，土壤全磷在耕层的含量高于低层剖面，且各处理剖面的差异不显著，变化趋势基本一致，即增施磷肥土壤剖面全磷并不增加，经过20年大量施磷肥，剖面变化差异并不显著，这主要是因为土壤磷素迁移能力弱，向下的移动性很小。

速效磷是全磷有效性的表现。经过长期定量施肥处理，土壤速效磷耕层含量发生了显著变化。$0\sim200cm$剖面内，随土层深度的增加，速效磷含量降低。1991年，在$20\sim60cm$各处理速效磷含量剧减，$60\sim100cm$继续减少，减幅较小，100cm以后趋于稳定，在100cm处各处理的速效磷含量分别为1.21、1.36、1.64、1.85、2.02mg/kg。2001年，各处理速效磷的变化趋势

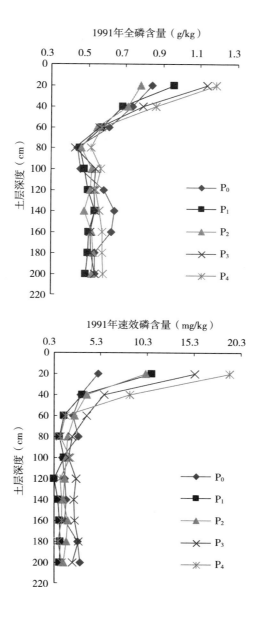

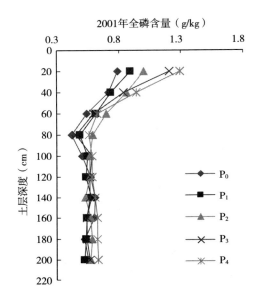

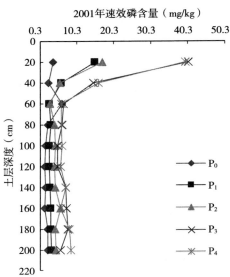

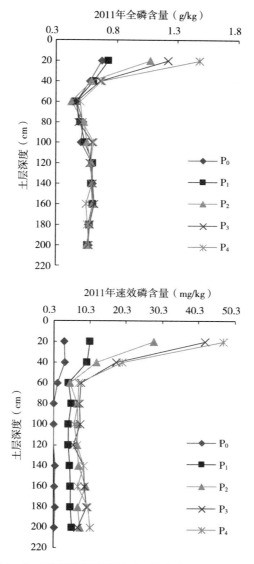

图 4 - 2　不同磷肥用量剖面土壤全磷和速效磷含量

与 1991 年基本相同，100cm 处各处理的速效磷含量分别为
1.75、2.74、4.37、5.04、6.23mg/kg。2011 年，各处理速效
磷的变化趋势同 1991 年和 2001 年，100cm 处各处理的速效磷含
量分别为 0.40、4.35、7.10、7.63、6.00mg/kg。可以看出，
随着施磷肥年份的增加，施磷肥剖面速效磷含量增加，不施磷肥
剖面减少。施磷肥量达到 180kg/hm² 时，耕层速效磷累积，剖面
却有消耗的迹象。由此，可以认为磷素剖面累积已经达到饱和。
由以上可以得出，土壤剖面 0～20cm 为土壤磷显著累积层，
20～100cm 为全磷含量累积亏损交错层，100～200cm 为全磷和
速效磷含量轻度累积层（图 4-2）。这与前人研究结果一致（彭
令发等，2003）。

4.5　小结

（1）长期不施肥，土壤养分含量降低，土壤中氮磷钾含量不
均衡，导致土壤生产力大幅度下降。本试验中，不施肥小麦产量
在 1991—2001 年大幅增加，在 2001—2011 年十年间，小麦仅增
产 49.0kg/hm²，产量变化与水肥紧密相连，但产量大幅增加的
主要原因可能是 1996 年后由原来种植小麦品种的长武 131 更换
为长武 134。

（2）长期单施 N 肥和 P 肥，不能平衡土壤地力、提高产量；
只有单施 M 肥、NP 肥配施和 NPM 肥配施，才能对土壤功能进
行修复，改善土壤中各养分含量的不均衡，对小麦的产量达到极
显著的增产效果。其中 NPM 肥配施的效果最好，肥效持久。
1984—1991 年，土壤养分极度缺乏，在大量施肥以后，产量大
幅增加，1991—2011 年土壤养分处于基本稳定期，属于肥养作

物时期，小麦产量随着施肥的增加而不断增加，但是增幅并不大，属于稳定增长期。

（3）随着施肥年份的增加，不同肥料种类的小麦吸磷量逐渐增大，随着施肥种类的增多，小麦吸磷量也逐渐增大。不施肥处理，土壤养分供应水平很低、严重不均衡，土壤生产力下降。长期不断增施磷肥，小麦吸磷量逐渐增大，并且随着施磷量的增加，小麦吸磷量也在逐渐增大。在长期单施 N 肥的土壤上，增施磷肥，土壤 N/P 值降低，对土壤缺磷进行了有效修复，磷素缺乏得到改善，作物的产量和吸磷量均大幅提高。

（4）磷肥利用率、磷肥偏生产力、磷肥农学效率在不同施肥中，反映出来的变化趋势一致，为单施 P 肥最小，NPM 配施最大，NP 配施介于二者之间。磷肥生理利用率在 1991 年时变化趋势同其他磷肥效率，在 2001—2011 年变化趋势与其他磷肥效率相反。长期大量单施 P 肥，导致小幅度产量降低，故 P 肥利用效率出现负值，NP 配施可以大幅增加产量，而真正实现高产还需化肥有机肥相互配施。磷肥利用率、磷肥偏生产力、磷肥农学效率、磷肥生理利用率在不同施磷量中，同一年份反映出来的变化趋势基本一致，随施磷量增大，各磷肥效率逐渐减小。同一处理随着施肥年限的增加，各磷肥效率逐渐增大。

（5）不同施肥种类耕层土壤的全磷含量发生了明显变化。增施磷肥可提高土壤耕层的全磷含量。随着施肥年限的增加，CK处理和单施 N 肥处理土壤剖面全磷含量在逐渐减少，单施 P 肥、单施 M 肥、NP 配施、NPM 配施 4 个处理的土壤剖面全磷含量在逐渐增加。从 0~200cm 剖面的变化规律可以看出，0~20cm 为土壤全磷显著累积层，20~100cm 为全磷含量累积亏损交错层，100~200cm 为全磷含量轻度累积层。耕层土壤磷素的有效性随着施肥种类的增加而有所改善，各处理间差异不显著。土壤有效磷的剖面分布特征表现为在耕层有一定累积，耕层以下剧减。

（6）不同施肥量处理，随着施肥年份的增加，不施磷肥处理的耕层土壤全磷和速效磷含量逐渐降低；增施磷肥后，土壤全磷含量逐渐增加，且同一处理各施肥年间差异显著。同一年份，随着施磷量的持续增加，土壤全磷含量继续增加。当增施磷肥量至180kg/hm² 时，能显著增加土壤中的全磷和速效磷的含量，提高养分有效性，从而培肥土壤。此时，耕层速效磷累积，剖面却有消耗的迹象。可以认为磷素剖面累积已经达到饱和。0～200cm 剖面内，随土层深度的增加，全磷和速效磷含量降低。土壤剖面0～20cm 为土壤磷显著累积层，20～100cm 为全磷含量累积亏损交错层，100～200cm 为全磷和速效磷含量轻度累积层。

5 磷肥施用量对土壤磷素变化特征的影响

作物的生长需要大量的营养元素，磷（P）是一种必需元素，如果缺少磷素会制约作物的生长和发育（Khan et al.，2009；Redel et al.，2007；Ayaga et al.，2006；Ochwoh et al.，2005；Oberson，2001），特别是在干旱半干旱地区（Khan et al.，2009；Redel et al.，2007；Ayaga et al.，2006；Ochwoh et al.，2005；Oberson，2001）。所以磷肥的适量施用是很有必要的，它只需维持作物的健康生长即可（Ojekami el al.，2011；Lan et al.，2012）。磷肥施入土壤中，至少有70％～90％的磷素以不同形式累积在土壤中，磷素的利用效率非常低，即使在很长的时间内也很难被作物吸收利用（Ojekami el al.，2011；Lan et al.，2012）。无机磷（Pi）占土壤全磷含量的60％～80％，有效磷的含量主要依靠无机磷组分的分布和转化（Lu，1990）。土壤磷库是一个非常重要的供磷指标，它的大小由磷的组分来确定（Gllpy et al.，2000）。土壤磷组分常常被用于研究各种种植制度下土壤磷素的耗竭（Sun et al.，2009；Liu et al.，2000），耕作制度对土壤磷分布规律的影响，并通过微生物的活性来改善土壤磷素的含量。因此，土壤磷素的分级和转化也成为土壤化学研究的一个焦点。

本章主要研究肥料的不同施用量对磷素分级的影响而产生的

磷平衡（磷肥的施用量减去成熟期作物的吸磷量）的变化。研究了各形态磷被作物吸收的难易，通过土壤中各磷组分的量来确定它的有效性，用于指示土壤磷素的状况，探讨了无机磷各组分的生物有效性，分析长期定位试验磷的典型分布和形态特征，并评价大量磷素流失到土壤中所造成的环境风险。本研究可以为黄土高原农业磷肥的有效利用提供科学依据。

5.1 不同磷肥用量土壤无机磷的变化特征

5.1.1 不施磷肥的土壤无机磷的变化特征

5.1.1.1 不施磷肥的土壤无机磷的含量变化

长期施氮肥而不施磷肥的土壤减少了土壤中无机磷的含量（图 5-1）。不施磷肥（P_0）处理中，Ca_2-P 含量从 1991 年的 4.25mg/kg 减少到 2011 年的 2.81mg/kg，降低了 51.3%，是所有无机磷形态中减少量最多的一个组分。在 P_0 处理中，Ca_8-P 和 O-P 含量不显著。1991 年，Ca_8-P 含量为 58.38mg/kg，O-P 含量为 55.76mg/g，Ca_8-P 的变化范围更小。在我们采集的 3 个年份的土样中，Al-P 平均含量为 12.7mg/kg，Fe-P 平均含量为 20.9mg/kg。$Ca_{10}-P$ 平均含量为 303.4mg/kg，在所有组分中含量最高，其 1991 年的含量比 2011 年的含量仅低 1.8%，差异并不显著。不施磷肥，土壤中磷素含量越少，可被作物利用的磷素越多，其有效性越高，故有效性逐渐减小的顺序为：$Ca_2-P > O-P > Al-P > Fe-P > Ca_8-P > Ca_{10}-P$。

5.1.1.2 不施磷肥土壤磷含量的年变化量

从 1984 年开始，计算了至 1991 年（7 年）、至 2001 年（17 年）和至 2011 年（27 年）3 个时间段不施磷肥土壤中无机

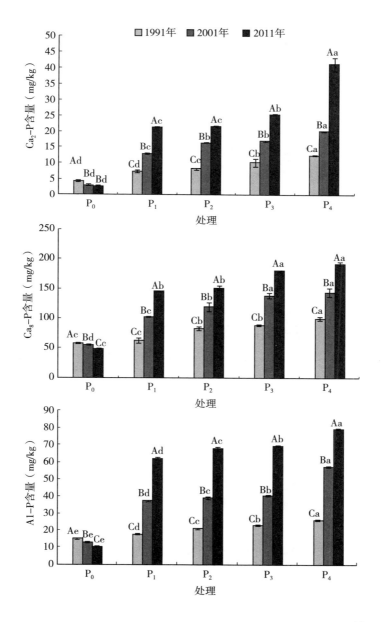

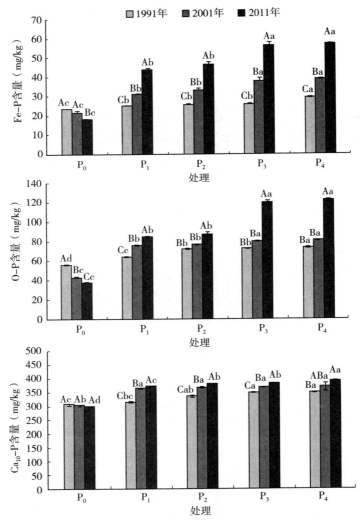

图 5-1　不同磷肥施用量不同年份土壤无机磷耕层含量的变化规律

注：图中大写字母表示相同处理不同年份间的差异，小写字母表示不同处理相同年份的差异，字母差异达 5％显著水平，用 LSD 计算（$n=3$）。下同。

磷组分的年变化量（图 5-2）。各组分的年变化量在 P_0 处理中均为负值。随着不施磷肥年份的增加，Ca_2-P 组分的年变化量逐渐增大，Fe-P 组分的年变化量逐渐减小。Ca_{10}-P 组分的年变化量与 Ca_2-P 组分的相似。Ca_8-P 和 Al-P 组分的年变化量从 7~17 年增加，17~27 年减少，但是变化并不显著。O-P 的年变化量在 2001 年为 -1.14mg/kg，为所有无机磷组分中不施磷肥处理的最小值。Ca_2-P 组分的年变化量在 2001 年为 -0.45mg/kg，为所有无机磷组分中不施磷肥处理的最高值。长期不施磷肥各组分磷含量逐渐减小，但是年变化量却在不断变化。

5.1.2 施磷肥土壤无机磷的变化特征

5.1.2.1 施磷肥土壤无机磷的含量变化

在 1991—2011 年的 20 年中，氮磷肥混施，无机磷各组分磷含量显著增加（图 5-1）。土壤中全部无机磷主要来源于 Ca_{10}-P 组分，其变化范围为 315.37~392.11mg/kg，占无机磷总量的 44.3%~64.0%。315.37mg/kg 为 2011 年 P_4 处理中 Ca_{10}-P 组分含量，392.11mg/kg 为 1991 年 P_1 处理中含量。Ca_{10}-P 组分被作物利用得很少。Ca_8-P 组分含量的变化范围为 63.53~192.32mg/kg，最低含量为 1991 年 P_1 处理，占全无机磷总量的 12.9%；最高含量为 2011 年 P_4 处理，占全无机磷总量的 21.9%。Al-P 组分占无机磷总量的 4%~9%，与 Fe-P 含量的变化趋势相似。Ca_2-P 含量占无机磷总量最少，1991 年 P_1 处理含量最少为 7.25mg/kg，2011 年 P_4 处理含量最多为 41.35mg/kg，仅占土壤无机磷总量的 1.5%~4.7%。Ca_2-P 组分是有效磷的最直接来源。各组分含量的分布规律相似，随

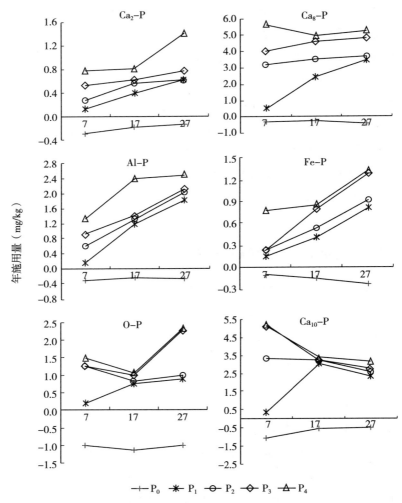

图 5-2 不同施磷量不同施磷年份土壤无机磷各组分年变化量

着施磷量和施磷年限的增加而增加。不论施磷量的多少，无机磷
各组分含量表现如下顺序：$Ca_{10}-P > Ca_8-P > O-P > Al-P >$
$Fe-P > Ca_2-P$。

5.1.2.2 施磷肥土壤磷含量的年变化量

土壤施磷肥后，各组分磷含量显著增加（表 5-1）。1991—2011 年的 20 年中，无机磷各组分的增量在所有处理中，Ca_8-P 的年变化范围最大，从 5.15mg/kg 增长到 144.31mg/kg，其他各组分的年变化范围分别为 $Ca_{10}-P$ 为 9.46～91.56mg/kg，$O-P$ 为 8.17～85.75mg/kg，$Al-P$ 为 3.08～69.25mg/kg，$Fe-P$ 为 1.77～39.01mg/kg，Ca_2-P 为 3.00～38.54mg/kg。

本研究也指明无机磷各组分增量受施磷年份的显著影响（表 5-1）。例如，Ca_8-P 在 P_1 中的增量在 2011 年时很高，是 1991 年增量的 18.8 倍，是 2001 年增量的 2 倍。

表 5-1　不同施磷量不同施磷年份土壤无机磷各组分的年增量（mg/kg）

处理	年份	Ca_2-P	Ca_8-P	$Al-P$	$Fe-P$	$O-P$	$Ca_{10}-P$
ΔP_1	1991	3.00Cc	5.15Cc	3.08Cd	1.77Cb	8.17Ca	9.45Cc
	2001	9.81Bc	45.91Bc	24.28Bd	9.70Bb	32.38Bb	61.90Ba
	2011	18.70Ac	96.77Ab	51.90Ac	25.79Ab	46.88Ab	72.74Ac
ΔP_2	1991	3.91Cc	24.55Ca	6.30Cc	2.29Cb	12.98Ca	30.74Cb
	2001	13.44Bb	78.89Bb	26.24Bc	1.47Bb	33.25Bb	63.65Ba
	2011	18.80Ac	102.63Ab	57.56Ab	28.59Ab	50.73Ab	79.13Aa
ΔP_3	1991	5.85Cb	30.21Cb	8.45Cb	2.43Cb	13.20Ba	43.64Ca
	2001	13.94Bb	82.89Ba	27.52Bb	16.53Ba	36.60Ba	63.77Ba
	2011	22.69Ab	130.88Aa	59.61Ab	38.40Aa	83.02Aa	81.74Ab
ΔP_4	1991	8.11Ca	42.07Ca	11.39Ca	6.17Ca	14.51Ba	43.68Ba
	2001	17.07Ba	88.59Ba	44.36Ba	17.45Ba	37.40Ba	66.73ABa
	2011	38.54Aa	144.31Aa	69.25Aa	39.01Aa	85.75Aa	91.56Aa

5.1.2.3 施磷肥土壤无机磷各组分含量的年变化量

土壤磷各组分含量的年变化量随施磷量和施磷年份的增加而变化（图 5-2）。随着施磷年限的增加，各组分年变化量最大为

P₄处理，其次为 P_3、P_2 和 P_1。Ca_2-P 的年变化量随着施磷年限的增加而增加，变化范围为 $0.14\sim1.40mg/kg$。Ca_8-P 组分的变化范围是 $-0.45\sim5.68mg/kg$，在 P_4 处理中施肥 7 年其年变化量最大为 $5.68mg/kg$。Al-P 和 Fe-P 的年变化量从 1991 年到 2011 年在各处理中逐渐增加。O-P 组分的年变化量仅在 P_1 处理中增加，从 $0.17mg/kg$ 增加到 $0.89mg/kg$，在 P_2、P_3 和 P_4 中均表现为先减少后增加。Ca_{10}-P 的年变化量在 P_2、P_3 和 P_4 处理中随施肥年限的增加而减小，但是在 P_1 处理中，先增大后减小。

5.2 不同磷肥用量土壤无机磷的空间变化特征

如图 5-3 所示，土壤无机磷各组分均为增量，即同年施磷肥处理土壤无机磷各组分含量减去不施磷肥处理土壤无机磷各组分含量，其主要目的是减小年际间各处理误差，为黄土高原农田有效施磷肥提供科学依据。

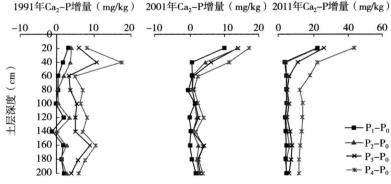

图 5-3 土壤无机磷组分 Ca_2-P 增量剖面图

5.2.1 Ca_2-P 的空间变化特征

由土壤无机磷组分 Ca_2-P 增量剖面含量（图 5-3）可以看出，随着施磷量的增加，Ca_2-P 增量在 1991 年时 20～40cm 的含量最高，0～20cm 的耕层含量次之，40～60cm 剧降，后 60～200cm 呈波浪形变化，P_1-P_0 与 P_2-P_0 处理的变化趋势一致，45kg/hm² 和 90kg/hm² 两处理的增量无显著差异，P_3-P_0 与 P_4-P_0 处理的变化趋势一致，135kg/hm² 和 180kg/hm² 两处理的增量显著差异，但终至 200cm 时总体呈减小趋势。45kg/hm²、90kg/hm²、135kg/hm² 和 180kg/hm² 四处理的增量分别减少为 0.95mg/kg、0.96mg/kg、2.03mg/kg、2.10mg/kg。P_4-P_3 处理的变化幅度最大，且其整个剖面中 Ca_2-P 的含量较其他处理高。

在 2001 年时，随着施磷量的增加，Ca_2-P 的增量在 0～20cm 的表层含量最高，而在 20～40cm 迅速降低，80cm 附近出现一个最低值，后又随深度的增加而逐渐增大，分别在 120cm 和 140cm 处达最大值，后又呈现出随土壤深度增加而逐渐减小，总体变化趋势为波浪形。P_1-P_0、P_2-P_0、P_3-P_0 与 P_4-P_0 4 个处理中，剖面土壤无机磷组分 Ca_2-P 增量的累积呈逐渐增大趋势，分别为 14.01mg/kg、29.65mg/kg、34.63mg/kg、49.46mg/kg。

如图 5-3 中，2011 年土壤无机磷组分 Ca_2-P 增量的变化趋势可以看出，随着施磷量的增大，Ca_2-P 的增量同 2001 年，耕层含量最高，后剧减，在 40cm 处 P_1-P_0 与 P_2-P_0 处理的分别达到最小值，为 0.35mg/kg 和 1.48mg/kg；而 P_3-P_0 与 P_4-P_0 处理的最小值则出现在剖面 80cm 处。在 60～200cm 剖面 P_1-P_0、P_2-P_0、P_3-P_0 3 个处理无显著差异，P_4-P_0 处理的变化显著增大，远远高于其他 3 个处理，其剖面 Ca_2-P 增量累积总量达 153.92mg/kg。2011 年 Ca_2-P 增量剖面分布与速效磷的剖面分布相似。

整体来说，土壤剖面中无机磷组分 Ca_2-P 增量的变化趋势为：$P_4-P_0 > P_3-P_0 > P_2-P_0 > P_1-P_0$。在 1991 年和 2001 年时均有磷组分增量小于零的情况，并且从图上可以看出均为 P_1-P_0 处理，由此可以发现少量（45kg P_2O_5/hm^2）长期（1984—1991 年，1984—2001 年）施磷肥对土壤磷耗竭有所改善，但黄土区土壤整体上仍处于入不敷出的状况。

5.2.2 Ca_8-P 的空间变化特征

从土壤无机磷组分 Ca_8-P 增量剖面含量（图 5-4）可以看出，1991 年随着施磷量的增加，Ca_8-P 的增量逐渐增大，40cm 达到最大值，P_1-P_0、P_2-P_0、P_3-P_0、P_4-P_0 4 个处理分别为 10.17、38.33、67.34、100.34mg/kg。后 40～80cm 又逐渐降低，80～200cm 趋于稳定，且 4 个处理中，P_1-P_0 与 P_2-P_0、P_3-P_0 与 P_4-P_0 两两处理间差异不显著。

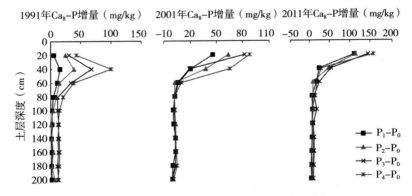

图 5-4　土壤无机磷组分 Ca_8-P 增量剖面图

从 2001 年土壤无机磷组分 Ca_8-P 增量剖面图可以看出，耕层增量最大，并且 P_4-P_0 处理最大，表现出随施磷量的增大而增大的趋势；而在 20～60cm 迅速降低，60～80cm 出现一个最低值，后又随深度的增加而保持基本不变。

从 2011 年土壤无机磷组分 Ca_8-P 增量剖面图发现与 2001 年剖面图相似，也为耕层最大，20～60cm 骤降，60cm 后又随深度的增加而保持基本不变。但剖面累积量明显大于 2001 年。

1984—1991 年，施磷肥 7 年，土壤无机磷组分 Ca_8-P 增量剖面中，P_4-P_0 处理剖面含量明显大于前 3 个处理；在 2001 年时，P_4-P_0 处理剖面含量仅在 0～60cm 时大于其他 3 个处理；在 2011 年时，除了耕层含量大于其他处理外，20～200cm 剖面 4 个处理增量没有明显变化。随着施肥年限的增加，土壤无机磷组分 Ca_8-P 增量逐渐增大，耕层表现尤为突出；单施在同一年份，随着施肥量的增加，各处理之间差异并不显著。由图 5-4 还可以发现，不断增施磷肥对土壤剖面 0～60cm 影响最大，60～200cm 基本不变，这说明土壤中磷素的移动性很小，但因长期大量施用磷肥，土壤磷素仍有不同程度地向下移动。

5.2.3　Al-P 的空间变化特征

由土壤无机磷组分 Al-P 增量剖面（图 5-5）看出，1991 年时 20～40cm，土壤无机磷组分 Al-P 的增量最大，4 个处理分别为 5.52、10.33、312.90、15.00mg/kg。60～80cm 土壤无机磷组分 Al-P 的增量最小，4 个处理分别为 -2.16、0.51、1.25、1.71mg/kg。然后随着剖面深度的增加逐渐减小，P_4-P_0 处理在剖面 0～80cm 含量明显大于施磷量少的 3 个处理。

2001 年土壤无机磷组分 Al-P 增量剖面耕层含量最大，

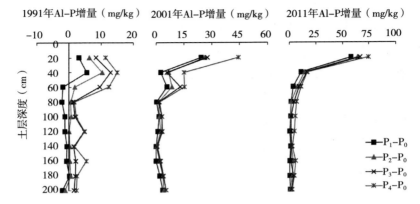

图 5-5 土壤无机磷组分 Al-P 增量剖面图

20～40cm 迅速降低，40～60cm 又升高，后随土层深度增加保持稳定状态。

2011 年土壤无机磷组分 Al-P 增量剖面耕层含量最大，20～40cm 骤低，40～80cm 降低幅度较为缓慢，80～200cm 逐渐趋于稳定。

由三组剖面图可以看出 80～200cm 剖面都基本保持稳定，1991、2001、2011 年 3 年的变幅范围分别为 -0.16～4.78、0.08～4.33、0.14～6.56mg/kg。1984—2001 年这 17 年中，剖面变化不大，2001—2011 年这 10 年变化比较明显。表明 Al-P 在土壤中向下移动性小，剖面土壤下层 Al-P 的补充一部分是靠耕层施肥中无机养分 Al-P 的下移，另一部分依靠各种形态无机磷组分之间的相互转化。

5.2.4 Fe-P的空间变化特征

如图 5-6 所示，1991 年土壤无机磷组分 Fe-P 增量剖面与

$Ca_2 - P$ 相似, $0 \sim 20cm$ 增量小于 $20 \sim 40cm$ 增量, $40 \sim 60cm$ 剧减, $60 \sim 80cm$ 又剧增, 整个剖面呈波浪形分布。$P_1 - P_0$、$P_2 - P_0$、$P_3 - P_0$、$P_4 - P_0$ 4 个处理剖面累积量分别为 -4.87、0.54、45.66、$66.11mg/kg$。

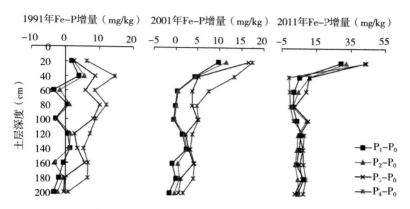

图 5-6　土壤无机磷组分 Fe-P 增量剖面图

2001 年土壤无机磷组分 Fe-P 增量剖面土壤表层累积最大, 后随着深度逐渐降低, $60 \sim 80cm$ 剖面 $P_2 - P_0$、$P_3 - P_0$、$P_4 - P_0$ 3 个处理达到最低值, 分别为 0.01、3.71、$4.74mg/kg$; 而 $P_1 - P_0$ 处理在 $80 \sim 100cm$ 处达到最低值 $-0.54mg/kg$。剖面分布总体趋势呈减小状态, 即 $200 cm$ 时达到剖面最小值。

2011 年土壤无机磷组分 Fe-P 增量剖面分布与 Al-P 相似, Fe-P 土壤表层大量累积, 在 $20 \sim 40cm$ 含量迅速降低, $40 \sim 60cm$ 基本维持不变, $60 \sim 80cm$ 略微下降, 随后在 $100 \sim 200cm$ 达到了稳定。随着深度的增加, 先迅速降低, 然后基本不变的分布趋势同样能说明 Fe-P 的向下移动性小, 无法为土壤底层提供较充足的 Fe-P 养分, 也表明深耕施肥是非常有必要的。

5.2.5 O-P的空间变化特征

土壤无机磷组分O-P增量剖面（图5-7），3个年份均表现出耕层大量累积。1991年的剖面分布图表现出20～60cm迅速降低，后呈现出规律性的波浪形。P_1-P_0、P_2-P_0、P_3-P_0 3个处理剖面40～200cm为亏损累积层，无机磷组分O-P的增量均为负值。P_4-P_0处理剖面显著高于其他3个处理。

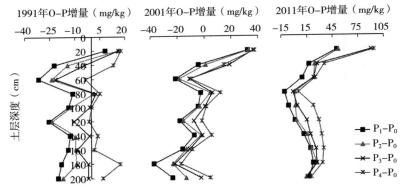

1991年O-P增量（mg/kg）   2001年O-P增量（mg/kg）   2011年O-P增量（mg/kg）

图5-7 土壤无机磷组分O-P增量剖面图

2001年土壤无机磷组分O-P增量剖面分布与1991年相似。P_4-P_0处理剖面40～200 cm并没有随着施磷量的增大而逐渐增加，而是逐渐变为亏损累积层。

2011年土壤无机磷组分O-P增量剖面分布与1991年和2001年完全不同，剖面增量整体增大。0～80cm P_1-P_0、P_2-P_0、P_3-P_0、P_4-P_0 4个处理剖面均减小，且达最低点：-11.23、0.99、-1.44、5.20mg/kg。后剖面在80～180cm逐渐增大，达最大后，180～200cm又减小。

随不同施磷量的不断增加，3个年份无机磷剖面分布图与速效磷剖面变化并不一致，表明无机磷组分对速效磷的贡献不大，也由此说明无机磷组分 O‐P 对于小麦的生长影响不显著，属于较难利用的无机磷组分。

5.2.6 Ca_{10}‐P 的空间变化特征

土壤无机磷组分 Ca_{10}‐P 增量剖面分布（图 5‐8）中，1991 年 $20\sim40cm$ 减小，$60\sim80cm$ 有较大累积，$80\sim200cm$ 剖面呈波浪形先减小后增大，再减小再增大，至 200cm 时 P_1、P_2、P_3、P_4 4 个处理的增量分别为 14.26、86.92、105.41、108.98mg/kg，比各处理耕层增量增大 4.81、56.18、61.77、25.30mg/kg。

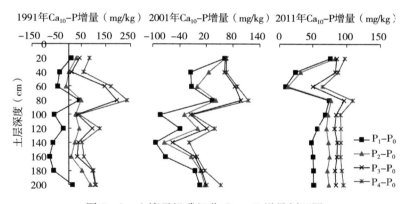

图 5‐8 土壤无机磷组分 Ca_{10}‐P 增量剖面图

2001 年，土壤无机磷组分 Ca_{10}‐P 增量剖面分布与 1991 年相似，至 200cm 时 P_1、P_2、P_3、P_4 4 个处理的增量分别为 5.25、17.61、20.66、53.31mg/kg，远小于各处理耕层增量，分别减少 56.65、46.04、43.10、13.41mg/kg。

2011 年，土壤无机磷组分 Ca_{10}‐P 增量剖面分布为 $0\sim60cm$

减小，达剖面最低值后 60～80cm 增大，达剖面最高值后，80～100cm 又减小，100～200cm 保持稳定。此剖面分布与 Ca_{10}-P 2011 年土壤全磷的剖面分布表现出一定的相似性，一方面是因为其含量占全磷较大部分，另一方面是因为其剖面分布趋势的特点与其他无机形态在土层中的转化相关。

　　由以上 6 种形态无机磷剖面增量分布看出，土壤无机磷各无机组分的增量剖面图出现 Ca_2-P 和 Ca_8-P 剖面增量分布相似，Al-P 与 Fe-P 的剖面增量分布相似，同一年份各无机磷组分增量剖面图相似，2001 年和 2011 年土壤无机磷各无机组分的增量耕层最大，后随着深度增加而减小。且土壤无机磷素的累积以耕层为主，表现出明显的表聚特征（张树金，2010）。不同施磷肥处理中，土壤中磷素的移动性很小，各处理的差异不明显，但因长期大量施用磷肥，土壤磷素仍有不同程度地向下移动。

5.3　不同磷肥土壤有机磷的变化特征

5.3.1　不施磷肥土壤有机磷的变化特征

5.3.1.1　不施磷肥土壤有机磷的含量

　　长期单施氮肥而不施磷肥土壤减少了土壤中有机磷的含量（图 5-9）。不施磷肥（P_0）处理中，活性有机磷含量从 1991 年的 2.43mg/kg 减少到 2011 年的 2.08mg/kg，降低了 16.9%，是所有有机磷形态中减少量最多的一个组分。在 P_0 处理中，中稳性有机磷和高稳性有机磷含量差异不显著。在试验的 3 个年份的土样中，中稳性有机磷平均含量为 22.31mg/kg，高稳性有机磷平均含量为 25.68mg/kg。中活性有机磷平均含量为 202.97mg/kg，在所有有机磷组分中含量最高，其含量 1991 年比 2011 年低 8.72%, 差异显著。不施磷肥, 土壤中磷素含量随种植年限的增加而逐渐减少, 耕层有机磷各组分也逐渐减少。

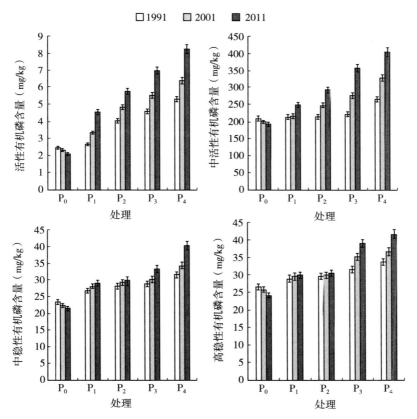

图 5 - 9　不同量磷肥不同年份土壤有机磷含量的变化规律

5.3.1.2　不施磷肥土壤有机磷含量的年变化量

试验区 1984 年开始种植, 1984—1991 年 (7 年), 1991—2001 年 (10 年) 和 2001—2011 年 (10 年) 3 个时间段不施磷肥土壤中有机磷组分的年变化量 (图 5 - 10)。有机磷各组分的年

变化量在 P_0 处理中均为负值。随着不施磷肥年份的增加，中稳性有机磷组分和高稳性有机磷组分的年变化量逐渐增大。活性有机磷组分的年变化量从 7～17 年逐渐增加，17～27 年保持不变；中活性有机磷组分的年变化量从 7～17 年逐渐减小，17～27 年保持不变，二者变化均不显著。中稳性有机磷组分的年变化量与高稳性有机磷组分的相似。活性有机磷的年变化量在 2011 年为 -0.17mg/kg，在所有有机磷组分中不施磷肥处理的最小值。中活性有机磷组分的年变化量在 2001 年为 -0.81mg/kg，为所有

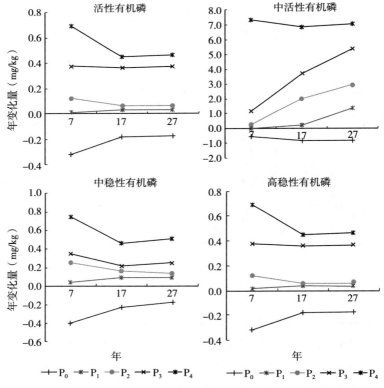

图 5-10　不同施磷量不同施磷年份土壤有机磷各组分年变化量

无机磷组分中最高值。长期不施磷肥各组分磷含量逐渐减小，但是年变化量却在不断变化。

5.3.2 施磷肥土壤有机磷的变化特征

5.3.2.1 施磷肥土壤有机磷的含量变化

1991年至2011年的20年中，随着磷肥施入量的增加，有机磷各组分磷含量也逐渐增加（图5-9）。

土壤中有机磷主要来源于中活性有机磷组分，其变化范围为216.36～406.89mg/kg，占有机磷总量的77.5%～82.1%。216.36mg/kg为1991年P_1处理中中活性有机磷组分含量，406.89mg/kg为2011年P_4处理中含量。中活性有机磷组分可通过矿化作用少量被作物利用。活性有机磷是占有机磷中总量最少的组分，其变化范围为2.65～8.24mg/kg，最低含量为1991年P_1处理，占有机磷总量的0.96%；最高含量为2011年P_4处理，占全无机磷总量的1.65%。耕层部分活性有机磷能够通过矿化作用转变为无机磷从而可为作物吸收利用。中稳性有机磷组分占有机磷总量的8.04%～10.01%，高稳性有机磷组分占有机磷总量的8.37%～10.96%，略高于中稳性有机磷。

有机磷各组分含量的分布规律相似，随着施磷量和施磷年限的增加而增加。不论施磷量的多少，有机磷各组分含量表现如下顺序：中活性有机磷＞高稳性有机磷＞中稳性有机磷＞活性有机磷。

5.3.2.2 施磷肥土壤有机磷各组分含量的年变化量

土壤施磷肥后，有机磷各组分含量显著增加（表5-2）。从1991年到2011年的20年中，有机磷各组分的年增量在所有处理中，中活性有机磷的变化范围最大，从4.42到211.95mg/kg，其他组分分别为：活性有机磷0.21～6.16mg/kg，中稳性有机

磷 $3.17 \sim 18.63 mg/kg$，高稳性有机磷 $2.31 \sim 17.28 mg/kg$。

本研究也指明有机磷各组分增量受施磷年份的显著影响（表 5-2）。例如，中活性有机磷在 P_1 中的增量在 2011 年时很高，是 1991 年增量的 12.88 倍，是 2001 年增量的 3.41 倍。

表 5-2 不同施磷量不同施磷年份土壤有机磷各组分的年增量（mg/kg）

处理	年份	活性有机磷	中活性有机磷	中稳性有机磷	高稳性有机磷
ΔP_1	1991	0.21Cc	4.42Cb	3.17Cc	2.31Cc
	2001	1.03Bd	16.70Bc	5.58Bc	3.68Bb
	2011	2.46Ad	56.93Ac	7.60Ac	5.70Ab
ΔP_2	1991	1.59Cb	5.28Cb	4.56Cb	3.07Cc
	2001	2.49Bc	47.24Bb	6.73Bb	4.05Bb
	2011	3.66Ac	99.99Ac	8.44Ab	6.36Ab
ΔP_3	1991	2.15Ca	11.89Cb	5.25Cb	4.89Cb
	2001	3.17Bb	76.17Bb	7.63Bb	9.17Ba
	2011	4.89Ab	166.07Ab	11.59Ab	14.75Aa
ΔP_4	1991	2.85Ca	55.37Ca	8.06Ca	7.09Ca
	2001	4.05Ba	129.98Ba	11.74Ba	10.71Ba
	2011	6.16Aa	211.95Aa	18.63Aa	17.28Aa

5.3.2.3 施磷肥土壤有机磷含量的年变化量

土壤有机磷各组分含量的年变化量随施磷量和施磷年份的增加而变化（图 5-10）。随着施磷年份的增加，各组分年变化量最大为 P_4 处理，依次为 P_3、P_2 和 P_1。活性有机磷的年变化量在 P_1 处理中随着施磷年份先增大后保持不变；P_2、P_3 和 P_4 处理中，先减小后保持不变，变化范围为 $0.01 \sim 0.70$ mg/kg。中稳性有机磷和高稳性有机磷的变化曲线与活性有机磷相似。中活性有机磷在 P_1、P_2 和 P_3 处理中随着施磷年份逐渐增大，P_4 处理中，先减小后增大，在 P_4 处理中施肥 7 年其年变化量最大为 7.35mg/kg。

5.4 不同磷肥用量土壤有机磷的空间变化特征

有机磷各组分系列图组中土壤无机磷各组分均为增量，即同年施磷肥处理土壤有机磷各组分含量减去不施磷肥处理土壤有机磷各组分含量，其主要目的减小年际间各处理误差，摸清黄土区近 30 年有机磷的空间变化特征，为黄土高原农田有效施磷肥提供科学依据。

5.4.1 活性有机磷（LOP）的空间变化特征

土壤活性有机磷组分增量剖面分布（图 5-11），1991 年剖面增量在耕层最大，20～40cm 剧减，40～100cm 持续减小，但是减小的幅度较小，100～200cm 先增加后减小，在 140cm 处达到最高点，增量剖面累积为-1.59、2.19、5.09、11.11mg/kg。

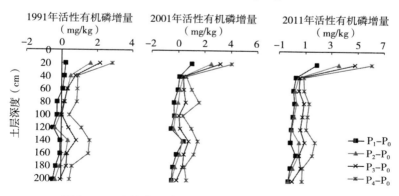

图 5-11 土壤有机磷组分活性有机磷的增量剖面图

2001 年活性有机磷组分增量剖面分布图与 1991 年相似，其剖面累积为－0.58、2.35、6.34、12.52mg/kg，分别比 1991 年增加 63.72%、7.43%、24.62%、12.75%。

2011 年活性有机磷组分增量剖面 2001 年和 1991 年基本相似，20～40cm 降幅增大，且剖面从 120cm 开始至 180cm 有大的增幅，整个剖面累积为 2.83、5.69、10.57、16.44mg/kg，分别比 2001 年增加 591.73%、142.17%、66.66%、31.28%，比 1991 年增加 278.39%、160.16%、107.69%、48.01%。说明长期定位大量施用无机氮磷肥能有效增加土壤中活性有机磷含量，也表明长期施用无机氮磷肥能够促进活性有机磷的矿化作用，使其更有效地向无机磷转化。

活性有机磷组分耕层含量大，20～40cm 剧减，主要因为作物根系稠密，能够吸收大量有效磷，这促使 20～40cm 耕层的有机磷能迅速地通过矿化作用而转变为无机磷，进而促进作物吸收利用。

5.4.2 中活性有机磷（MLOP）的空间变化特征

如图 5-12 所示，中活性有机磷的增量剖面分布趋势为：1991 年耕层土壤比下层含量小，出现亏损现象；20～60cm 逐渐增大，达到一个最高点后，60～80cm 有所下降，80～160cm 先升高后降低在 160cm 处达到最低点，160～180cm 又升高，后 180～200cm 降低。P_4 处理的增量明显大于其他 3 个处理。

2001 年中活性有机磷的增量在表层土壤大量累积，在 20～40cm 深度迅速降低，出现最低值，40～60cm 有所上升，随后又略有下降，80～200cm 剖面分布与 1991 年相似。

2011 年中活性有机磷增量剖面与 2001 年完全相同，表层大

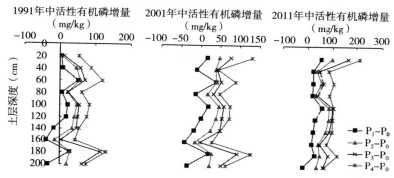

图 5-12　土壤有机磷组分中活性有机磷的增量剖面图

量累积的原因可能是作物秸秆、根系以及土壤微生物残体等在表层积累所致，同时也说明这些有机物在土壤中向有机磷方向的转化主要为中等活性有机磷。从中还可以看出，在 20～40cm 的土层内中等活性有机磷含量较底层低，说明 0～40cm 的土层内中等活性有机磷的矿化作用较明显，而表层含量高的原因是得到了外界有机物的补充。在 80～200cm 土层内，中等活性有机磷增量剖面的变化趋势相同，表明长期定位施无机磷肥对下层土壤中的中等活性有机磷的影响不显著。

5.4.3 中稳性有机磷（MROP）的空间变化特征

如图 5-13 所示，中稳性有机磷的增量剖面分布趋势：1991年、2001年、2011年 3 个年份的剖面分布图相似，均呈现 S 形，耕层内大量中稳性有机磷累积，0～80cm 逐渐降低，达到最低点后，80～100cm 骤升，100～200cm 逐渐减小。

在 2011 年的图中可以看出，大量施磷肥的两个处理，P_3 和 P_4 在剖面上的增量显著增加，P_1 和 P_2 在剖面上的增量并不明显，由此说明只有在高施磷量的情况下土壤中的中稳性有机磷才会显

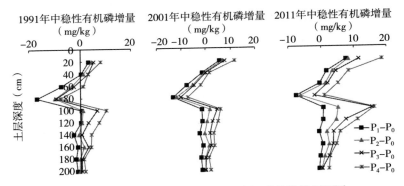

图 5-13　土壤有机磷组分中稳性有机磷的增量剖面图

著增加，而低施磷量处理对中稳性有机磷影响并不大，或者即便有影响也是影响甚微，其主要通过矿化作用转化为无机磷。高施磷量使中稳性有机磷增加的原因可能是由于土壤中各种形态的磷素处于一种动态平衡之中，高的施磷量导致无机磷向有机磷形态转化。同时，从 2011 年的剖面分布来看，4 个处理的增量在整个 0～200cm 剖面内相较 1991 年和 2001 年都有不同程度的增加，说明中稳性有机磷的下移能力较强。

5.4.4　高稳性有机磷（HROP）的空间变化特征

如图 5-14 所示，土壤中高稳性有机磷的剖面分布趋势：1991 年、2001 年和 2011 年相似，且土壤中高稳性有机磷的剖面分布与中稳性有机磷的剖面分布类似，整体呈 S 形，说明这两个组分的性质较为接近。经过长期大量施磷肥，1991 年和 2001 年，P_1 处理的增量剖面均有负值出现，其他处理剖面均为正值，说明剖面土壤中的高稳性有机磷有一定程度的累积。增量剖面累积量最大为 2011 年 P_4 处理，其值为 69.20mg/kg，相同处理，1991 年累积量为 49.33mg/kg，2001 年累积量为 37.77mg/kg，

2011 年累积量是 1991 年的 1.4 倍，为 2001 年的 1.83 倍。说明经过长期施磷肥，4 个处理均有累积，但这种累积值并不大。这表明经过长期定位施磷肥，高稳性有机磷较大的原因与中稳性有机磷可能一致。也可以证明高稳性有机磷的下移性较高，与中稳性有机磷表现一致。

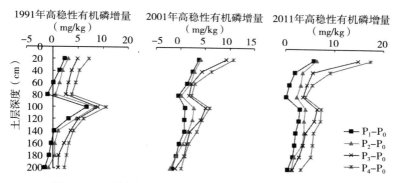

图 5 - 14　土壤有机磷组分中高稳性有机磷的增量剖面图

5.5　试验区土壤磷素平衡状况

5.5.1　磷的有效性

在土壤中磷的输入为磷肥的供给，磷的输出为成熟期作物的含磷量。在长期定位试验中，同一年份有效磷在土壤中的储量和作物吸磷量随着施磷量的增加而增加（表 5 - 3）。在相同处理不同施磷年份中，P_1 和 P_2 有效磷的储量随着施磷年份的增加而不断增加。在 P_3 中，土壤有效磷年储量先增加后减少。P_4 处理中，有效磷 7 年储量为每年 5.24kg/hm²，17 年储量为每年 4.98kg/hm²，27 年储量为每年 4.92kg/hm²，为一直下降。

表 5-3　土壤-植物系统中磷素的输入和输出（kg/hm²）

处理	年施磷量	土壤有效磷年储量			植物磷含量			平均年增量		
		7 年	17 年	27 年	1991 年	2001 年	2011 年	1991 年	2001 年	2011 年
P_1-P_0	19.65	1.07	1.09	2.19	0.72	3.64	3.96	1.79	4.73	6.16
P_2-P_0	39.30	1.82	2.15	2.87	2.46	6.91	7.77	4.28	9.06	10.64
P_3-P_0	58.94	3.86	4.67	4.30	5.85	9.27	8.34	9.71	13.94	12.64
P_4-P_0	78.59	5.24	4.98	4.92	6.28	10.15	9.03	11.52	15.13	13.95

　　植物含磷量变化规律和土壤中有效磷的储量变化规律相似，先在 P_1 和 P_2 中增加，后在 P_3 和 P_4 中减少。磷素平均年增量的变化趋势与土壤中有效磷的储量和植物含磷量的变化趋势相同。

　　因此在有效磷多年连续积累的土壤上继续大量投入磷肥，一方面使磷肥的增产效果不明显甚至可能减产，另一方面会增加土壤磷素径流、渗漏流失的风险。所以对于土壤积累磷素生产供应能力、不同形态磷素对植物的有效性以及积累磷素生产潜力利用应进一步进行研究。

5.5.2　不同磷肥用量土壤磷素平衡状况

　　土壤有效磷在 P_4 处理中，1984—1991 年 7 年中平均年储量为 5.24kg/hm²，1991—2001 年 10 年中平均年储量为 4.80kg/hm²，2001—2011 年 10 年中平均年储量为 4.81kg/hm²（表 5-4）。有效磷储量基本上从 1991—2011 年保持不变。年储磷量在 P_3 处理中在 1991—2001 年的 10 年中平均年储量也为 5.24kg/hm²，在下个十年的年储量却有减少的趋势。有效磷在 P_4 处理中的最高年储量也为 5.24kg/hm²。由此得出，有效磷的储量范围大概为

$4.8 \sim 5.24 kg/hm^2$。过量的磷肥能增加在无机磷的组分中磷含量但是不能增加有效磷的年储量。

表 5-4 不同年份变化阶段对土壤有效磷储量的影响（kg/hm^2）

处理	年施磷量	土壤有效磷储量		
		1991 年（7 年）	2001 年（10 年）	2011 年（10 年）
$P_1 - P_0$	19.65	1.07	1.10	4.06
$P_2 - P_0$	39.30	1.82	2.38	4.08
$P_3 - P_0$	58.94	3.86	5.24	3.68
$P_4 - P_0$	78.59	5.24	4.80	4.81

注：试验始于 1984 年，1984 年至 1991 年为 7 年，1991 年至 2001 年为 10 年，2001 年至 2011 年为 10 年。

5.6 讨论

5.6.1 土壤中无机磷组分的转化

在黑垆土中，增施磷肥 $Ca_2 - P$ 的含量明显减少。结果显示 $Ca_2 - P$ 组分为小麦生长的有效磷。$Ca_2 - P$ 组分被认为根呼吸作用的主成分，也是可被作物吸收利用的有效磷。来璐等（2009）研究得出在石灰性土壤中施磷肥增加的磷含量主要是 $Ca_2 - P$ 和 $Ca_8 - P$ 组分的累积。本研究结果指出磷肥施入土壤中，含量逐渐减少的顺序为 $Ca_{10} - P > O - P > Ca_8 - P > Al - P > Fe - P > Ca_2 - P$。蒋柏藩（1990）观察到水溶性磷肥提供到土壤中能很快增加 $Ca_2 - P$ 组分，然后逐渐转移到 $Ca_8 - P$ 组分中。在我们的试验中，长期施用磷肥，所以磷大量累积在 $Ca_2 - P$ 和 $Ca_8 - P$ 组分中，但是 $Ca_2 - P$ 组分又逐渐转化为 $Ca_8 - P$ 组分。土壤固有肥力中氮含量比较低，黄土高原地区氮水平在所有类型土壤中含量特别低，全氮浓度仅为 0.042%～0.077%（Guo，2012）。植物磷的主要来源即为无机磷中的 Ca_2- P 组分。经过长期施氮肥而不施磷肥，土壤闭蓄态磷以 O- P 形式存在，最终被分解而被作物利用。

5.6.2　不同磷肥用量对土壤磷储量的影响

磷是作物生长的必需元素，因此在没有外源磷肥的情况下，磷素逐渐减少甚至耗竭。这种耗竭受多种因素影响，如轮作引起的氮素累积、气候和土壤结构（Alvarez，2005）、作物还田的数量和分解速率（Wyngaard et al.，2013）、土壤容重（Shang et al.，2013）、团聚体稳定性（Blair，2006）、土壤 pH（Franzluebbers，1996；Jiang，1984）、土壤微生物含量（Richardson and Simpson，2011）、气候变暖（Zhang et al.，2014）等。

磷肥的施用能减缓土壤缺磷的状况，土壤磷素是否缺乏，主要是由土壤施磷肥的年份和施磷肥的量两种因素决定（Song et al.，2009）。磷肥施到土壤中很容易被吸附固定（Liu，1998）。低的磷肥利用效率和土壤中磷被固定导致长期定位试验中耕层土壤磷素的大量累积。当土壤中施入磷肥时，无机磷各组分的年变化量增加，大量施入时，年变化量保持稳定。土壤中的磷素在供需中保持平衡。Blake 在 2000 年和 2003 年都得出了相同的结论。土壤中磷各组分的年变化量在 17 年和 27 年时完全不同。玉米和豌豆连作中，经过 14 年大量施磷肥，不稳定性无机磷和中稳性无机磷组分耗竭，有机磷和稳定性无机磷组分的含量保持不变（Shaheen et al.，2007；Guo et al.，2000）。Otto（2001）研究得出当施磷量超过 20 kgP/hm^2 时就会快速增加土壤磷含量。来璐等（2003）研究施不同肥 18 年的黄土高原旱地苜蓿土壤，发现磷肥能提高耕层土壤中全磷的含量。韩晓增（2005）在东北黑土的研究中得出了相似的结论。长期施用磷肥可使单作水稻的石灰性土壤有效磷含量稳定，而减少磷肥会显著减少有效磷含量（Shen，2004）。

肥料的施用能提高耕层土壤磷的有效性，增加有效磷的含量导致有效磷累积。不论以何种方式大量施用磷肥都不会增加有效磷的含量，储量只会保持不变。

5.6.3　长期施肥对土壤无机磷组分的影响

由于小麦根系在下层尤其是 40～200cm 基本上对肥料吸收很少，所以可以证明两点：①表层 Ca_8-P 的迅速降低主要是由于作物吸收 Ca_2-P，Ca_2-P 快速转化为 Ca_8-P 造成；②下层 Ca_8-P的缓慢降低主要是由于无机磷组分中 Ca_8-P 的下移性较大，这与前面所测得的速效磷和 Ca_2-P 完全不同，而其他人在这方面并没有相关研究。

Ca_2-P 是直接被作物利用的有效磷，Al-P、Ca_8-P 和 Fe-P 是缓释态磷，O-P 是闭蓄态磷，理论上是不能被作物利用的（Ma et al.，2009；Jiang，1984）。沈善敏（1998）的研究得出，Ca_2-P、Ca_8-P、Fe-P 和 Al-P 对作物的生长都非常有用，但是 Ca_{10}-P 和 O-P 对于作物却是潜在磷源。Ojekami 等（2011）研究表明，酸性土壤中减少 O-P 的活化作用，能充分提高它的有效性。

5.6.4　长期施肥对土壤有机磷组分的影响

鲁如坤等（1997）对长期施用磷肥对土壤磷素形态的影响进行了研究，指出磷肥对土壤磷素形态的影响因土壤质地不同而不同。磷肥施入红壤旱地后，对土壤有机磷各形态的影响较小。而磷肥施入红壤性水稻土和石灰性潮土后，对有机磷各形态的影响都不一致，但总的结果是磷肥施入红壤性水稻土可使有机磷形态总含量减少，而石灰性潮土正好相反，有机磷形态总含量增加。与本文有机磷变化趋势相同。王旭东等（1997）研究表明，有机磷组成随土壤自身肥力和剖面层次变化而发生变化。肥力由高到低或剖面由上而下，活性有机磷、中活性有机磷、中稳性有机磷逐渐减少，高稳性有机磷变化不大。由此可见，土壤活性有机磷和中活性有机磷含量可以作为衡量土壤供应磷素丰缺的一项指标。

5.6.5 积累磷素在土壤剖面中的移动性

本研究发现磷素积累部位主要分布在耕层，但剖面土壤磷素含量也显著增加，说明积累磷素已逐渐向下迁移。如 2011 年，P_4 处理，磷分级增量在整个剖面增量均为正值。本研究还发现积累磷素的垂直迁移性受到磷肥用量、土壤施肥年限等因素的影响。

随着磷肥施用量的增加，土壤剖面深层有效磷含量也不断提高。高施磷量 P_4（$180kgP_2O_5/hm^2$）处理 Ca_2-P 的耕层增量最大，其剖面累积显著高于 P_1、P_2、P_3。2011 年 Ca_2-P 增量剖面分布与速效磷的剖面分布相似，土层已产生了大量的磷素累积。张作新等（2008，2009）通过土柱模拟试验研究发现，磷素渗漏量随磷肥用量和土壤磷水平的增加而显著提高，例如在低、中、高磷水平土壤上施用磷肥（$1\,080kgP_2O_5/hm^2$）土壤渗漏液中可溶性磷分别增加 0.57、0.96、2.49mg/L。在机理上，发现磷肥施用量的增加和磷水平的提高，使土壤磷的吸附饱和度逐渐增加、土壤磷的吸附指数下降、土壤磷的渗漏量逐渐增大（张海涛等，2008）。

5.7　小结

（1）磷是植物生长的必需元素，在长期定位试验中，我们发现在长期不施磷肥的情况下土壤磷储量逐渐减少，导致土壤中磷素耗竭。施用磷肥可以提高耕层土壤磷素的有效性，增加有效磷含量，使有效磷在土壤耕层累积。但是大量磷肥的施入不能增加土壤中有效磷的存储量，而是保持一个稳定的水平，因为土壤中磷在供需方面要达到平衡。

（2）长期施用磷肥，不论施磷量的多少，土壤中无机磷各形态含量均呈现 $Ca_{10}-P > O-P > Ca_8-P > Al-P > Fe-P > Ca_2-P$ 的顺序。Ca_2-P 是作物最好吸收的有效磷，$Ca_{10}-P$ 被作物利用得最少。磷肥施入土壤中大量表现为 Ca_2-P 和 Ca_8-P 两种形态，但是 Ca_2-P 会逐渐转化为 Ca_8-P 形态。闭蓄态 $O-P$ 最后分解被作物利用。

（3）无机磷各组分土壤剖面增量分布不同，随施磷量增大和施肥年份增加，至 2011 年 Ca_2-P 剖面增量随土层深度加深而逐渐降低，并且在高施磷时明显高于其他 3 个处理。Ca_8-P、$Al-P$ 剖面增量分布图与 Ca_2-P 类似。$O-P$ 土壤剖面呈 S 形分布，$Ca_{10}-P$ 与其相似。

（4）土壤有机磷占全磷的 19.46%～35.49%，增施磷肥土壤有机磷总量也有增加。土壤有机磷以中活性有机磷为主，其次为中稳性有机磷、高稳性有机磷、活性有机磷。施用磷肥可大幅提高土壤中活性有机磷含量，其次是中稳性有机磷和高稳性有机磷含量，活性有机磷含量几乎不变。中活性有机磷可以转化为活性有机磷，且二者皆为有效磷源，中稳性有机磷和高稳性有机磷不易被利用。

（5）土壤有机磷各组分土壤剖面增量随施磷量和施肥年份分布不同，活性有机磷在土壤剖面中总体呈下降趋势，而中稳性有机磷和高稳性有机磷的变化趋势一致，在土壤剖面呈 S 形分布，中活性有机磷规律性不明显。

（6）黄土高原旱地储存在土壤中有效磷的范围为每年 4.8～5.24kg/hm^2，过量施肥只能增加土壤无机磷含量，并不能增加土壤有效磷的年储量。

6 不同肥料种类对土壤磷素 变化特征的影响

磷素作为植物的必需元素，不仅是植物体内许多化合物的组成成分，且还以多种途径参与植物体内的各种代谢过程，影响着植物的生长和发育，许多土壤中磷是限制植物生长的主要因子（林德喜等，2006）。土壤中的磷素大都以缓效态和潜在态存在，故研究磷素的各个组分在土壤剖面中的分布及有效性就显得尤为重要。就土壤磷素的移动性而言，磷向下移动将影响其在土壤中的垂直分布，长期定位施肥试验在这方面表现得非常明显（慕韩锋等，2008）。磷素的垂直分布在农业生产上表现出两方面的意义：一是磷养分适度下移，将丰富土壤剖面的养分含量，增加土壤肥力；二是磷养分下移超过根吸收的阈值，造成养分的淋失。

本试验通过对长期定位施肥条件下不同施肥种类对有机磷无机磷各组分及空间分布进行研究，以探讨合理施肥对土壤有效磷库的影响，为提高黄土区土壤磷素含量及其有效性提供依据，为合理施肥提供参考。

6.1 不同肥料种类土壤无机磷的变化特征

土壤无机磷组分耕层含量的变化规律如图 6 - 1，可以看出，不施肥处理耕层无机磷各组分含量随着种植年份的增加，逐渐减少，土壤处于逐渐耗竭状态，Ca_{10}-P 占无机磷总量的 74.6%～ 76.2%。1991—2011 年累积减少量最大即为 Ca_{10}-P，其减少量为 30.98mg/kg，衰减率为 9.1%（衰减率＝某形态无机磷的减少量/ 某形态无机磷含量×100%）；Ca_2-P 的减少量为 1.55mg/kg，衰减率达各无机磷组分最大，为 46.2%，由此说明 Ca_2-P 为有效磷，可被作物有效利用。

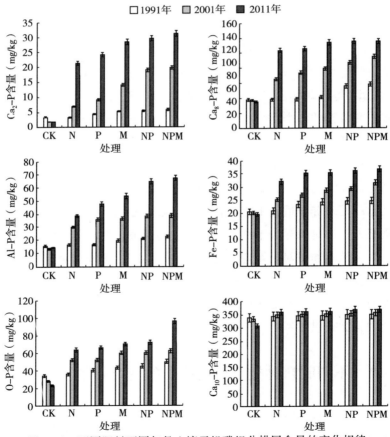

图 6-1　不同肥料不同年份土壤无机磷组分耕层含量的变化规律

同一处理，随着施肥年份的增加，耕层无机磷各组分含量显著增加，1991—2011 年的 20 年中，Ca-P 占总无机磷的 80% 以上，Ca_{10}-P 组分的范围为 343.10～368.48mg/kg，占无机磷总量的 50.4%～74.2%。368.48mg/kg 为 2011 年 NPM 处理中 Ca_{10}-P 组分含量，343.10mg/kg 为 1991 年单施 N 处理中含量。Ca_{10}-P 组分被作物有效利用的量很少。Ca_8-P 组分含量的变化范围为 6 342.93～131.24mg/kg，最低含量为 1991 年单施 N 处理，占全无机磷总量的 9.3%；最高含量为 2011 年 NPM 处理，占全无机磷总量的 17.9%。Al-P 组分占无机磷总量的 3%～9%，Fe-P 占 4%～5%，二者含量的变化趋势相似。Ca_2-P 含量占无机磷总量最少，1991 年单施 N 处理含量最少为 3.38mg/kg，2011 年 NPM 处理含量最多 31.17mg/kg，仅占土壤无机磷总量的 0.7%～4.2%。Ca_2-P 组分是有效磷的最直接来源。各组分含量的分布规律相似，随施肥年份的增加而增加。不论施肥量的多少，无机磷各组分含量表现如下顺序：Ca_{10}-P＞Ca_8-P＞O-P＞Al-P＞Fe-P＞Ca_2-P。同一施肥年，无机磷各组分含量总体呈现：CK＜N＜P＜M＜NP＜NPM。无论施化肥还是有机肥，都可以提高无机磷各组分含量。

6.2 不同肥料种类土壤有机磷的变化特征

土壤有机磷组分耕层含量的变化规律如图 6-2，可以看出，不施肥处理耕层有机磷各组分含量随着种植年份的增加而逐渐减少，土壤逐渐呈现有机磷素耗竭状态。中活性有机磷占有机磷总量的 72.3%～75.4%。1991—2011 年累积减少量最大者即为中活性有机磷，其减少量为 10.95mg/kg，衰减率为 7.7%；活性有机磷的减少量最小，为 0.38mg/kg，其衰减率远大于中活性有机磷，为 15.1％，由此说明活性有机磷被有效利用率大，为有机磷中的有效磷。

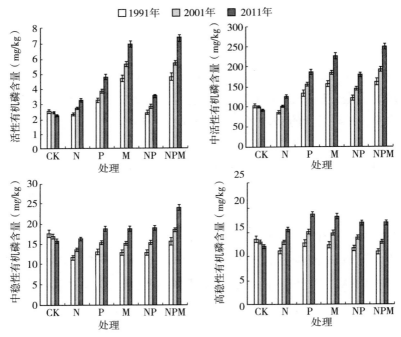

图 6-2　不同肥料不同年份土壤有机磷耕层含量的变化规律

　　对于不同施肥的处理，活性有机磷含量占有机磷总量的 1.5％～3.1％，其含量分布为 N＜NP＜P＜M＜NPM，NPM 配施活性有机磷的含量约为 NP 配施的 2 倍，充分体现出施有机肥可以增加活性有机磷的含量。中活性有机磷含量最高，占有机磷总量的 75.3％～85.2％，各处理中的含量分布与活性有机磷相似。说明活性有机磷和中活性有机磷性质相同，均可通过矿化作用变成无机磷被作物有效利用。高稳性有机磷含量在不同施肥处理表现为 N<NP<M<P<NPM，单施 M 处理含量小于单施磷肥处理，由于施肥年限的增加，单施 M 肥对于土壤高温性有机磷的增加已经没有很大的优势作用，相反单施 P 处理的高稳性有机磷含量增大，可能与作物秸秆、根系以及土壤微生物残体等在表层积累有关。中稳性有机磷在不同施肥处理中含量分布与高稳性有机磷相似。中稳性有机磷与高稳性有机磷均为潜在性磷源，不易被利用。

6.3　不同肥料种类土壤无机磷的空间变化特征

6.3.1　$Ca_2 - P$ 的空间变化特征

由土壤无机磷组分 $Ca_2 - P$ 的剖面含量（图 6 - 3）可以看出，随着施肥年限的增加，土壤剖面逐渐趋于稳定，并且 NPM 肥配施表现出明显的优势。1991 年耕层 $Ca_2 - P$ 的剖面属于匮乏层，20～40cm 逐渐增大，40～60cm 逐渐减小，后整个剖面呈不规则变化，CK、P、NP 3 个处理变化不明显，M 和 NPM 2 个处理整个剖面明显大于施化肥处理。2001 年剖面 $Ca_2 - P$ 的含量与 1991 年截然不同，耕层属于累积层，20～60cm 逐渐减小后，60～120cm 剖面土层基本趋于稳定。2011 年剖面 $Ca_2 - P$ 的含量与 2001 年相似，耕层累积，20～60cm 急剧下降，后保持不变。NPM 处理在所有施肥处理中含量最大，整个剖面累积明显。这说明 NPM 配施有利于无机磷 $Ca_2 - P$ 含量的累积，并且随着施肥年限的增加，耕层养分向下移动较明显。

整体土壤剖面中无磷组分 $Ca_2 - P$ 含量的变化趋势为：NPM>M>NP>P>CK。由此说明，无论有机肥还是无机肥，施入土壤均能增加无机磷组分 $Ca_2 - P$ 的含量，有机肥效果比无机肥效果要好，无机肥配施比单施要好。

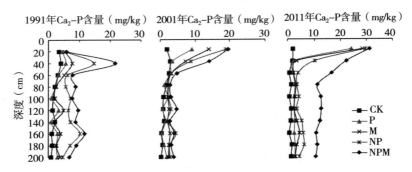

图 6-3　土壤无机磷组分 Ca_2-P 的剖面图

6.3.2　Ca_8-P 的空间变化特征

土壤无机磷组分 Ca_8-P 的剖面含量（图 6-4）可以看出，1991 年各施肥处理耕层土壤仍处于亏缺状态，20～40cm 逐渐增大，达到最大值，CK、P、M、NP、NPM 5 个处理 Ca_8-P 含量分别为 37.46、52.63、75.79、104.8、137.80mg/kg。40～60cm 剖面急剧下降，60～200cm 剖面保持不变。2001 年剖面土壤 Ca_8-P 含量的耕层累积，20～60cm 减少，60cm 以下剖面变化如同 1991 年。2011 年土壤剖面 Ca_8-P 的含量分布类似 2001 年，耕层大量累积，20～40cm 逐渐减少之后，整个剖面处于稳定状态。

1991 年 CK、P、M、NP、NPM 5 个处理剖面 Ca_8-P 总累积量为 196.63、237.99、280.18、401.96、458.77mg/kg；2001 年 5 个处理剖面 Ca_8-P 总累积量为 212.58、312.82、323.90、338.13、370.63mg/kg；2011 年 CK、P、M、NP、NPM 5 个处理剖面 Ca_8-P 总累积量为 152.45、280.77、313.23、

367.93、299.97mg/kg。由此可以看出，随着施肥年限的增加，1991—2001 年各施肥处理剖面累积量逐渐增大，2001—2011 年各施肥处理的总累积量逐渐减少，主要是因为，大量施肥使得土壤剖面无机磷组分 Ca_8-P 含量达到饱和，后逐渐转化为 Ca_2-P，供作物有效利用，已形成一个动态平衡，故即使再大量的施肥也无法增加 Ca_8-P 含量，所以长期大量施肥现在并不提倡。

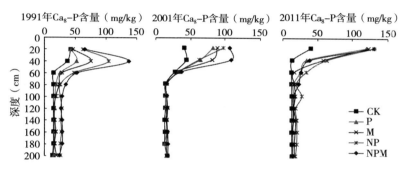

图 6-4　土壤无机磷组分 Ca_8-P 的剖面图

6.3.3　Al-P 的空间变化特征

土壤无机磷组分 Al-P 的剖面（图 6-5）看出，1991 年 20～40cm，土壤无机磷组分 Al-P 含量最大，CK、P、M、NP、NPM 5 个处理分别为 19.09、24.61、29.42、31.99、34.10mg/kg。40～60cm 土壤无机磷组分 Al-P 的含量急剧减小，60cm 以下剖面逐渐处于稳定状态。2001 年 Al-P 的剖面含量为 0～80cm 逐渐减小，80～200cm 5 个处理间无差异，有缓慢减小趋势。2011 年剖面变化规律与 2001 年类似，0～60cm 急剧减小，60～200cm 剖面土层逐渐处于稳定状态。

比较三组剖面图发现：在 0～80cm 的土层内，基本所有处理的上层剖面含量都高于 CK 处理，而下层剖面所有处理均无明显变化，且有缓慢减小的趋势。产生这种现象可能是由于几个原因造成的：①Al-P 的向下移动性较小，导致 Al-P 在表层大量积累而无法垂直向下移动；②在土壤磷素不同形态的转化过程中，Al-P 不易被作物吸收，与其他形态磷素的相互转化率较小，导致下层出现亏损；③由于施肥处理作物的根系生长旺盛，下层剖面土壤中 Al-P 的含量出现了整体性亏损。

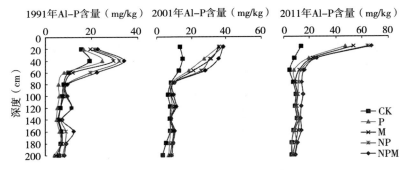

图 6-5　土壤无机磷组分 Al-P 的剖面图

6.3.4　Fe-P 的空间变化特征

如图 6-6 所示，1991 年和 2001 年各施肥处理土壤无机磷组分 Fe-P 的剖面含量变化规律相似，0～80cm 有一个高峰值，80～200cm 土壤剖面趋于稳定。2011 年剖面 Fe-P 的含量变化规律不太明显，整体呈现 0～20cm 下降，60～80cm 稍有增大，后逐渐趋于稳定。2011 年 CK、P、M、NP、NPM 5 个处理耕层 Fe-P 含量分别为 19.56、35.16、35.31、36.00、36.57mg/kg；而 180～200cm 底层 5 个处理 Fe-P 含量分别为 9.74、13.61、

14.06、12.06、16.82mg/kg，剖面整体呈缓慢减小态势。

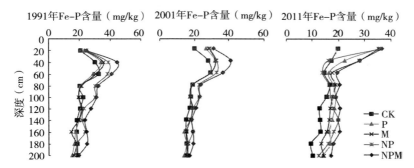

图 6 - 6　土壤无机磷组分 Fe - P 的剖面图

土壤无机磷组分 Fe - P 的含量剖面分布与 Al - P 相似，随着施肥年限的增加，各个施肥处理土壤表层 Fe - P 含量大量累积，在 20～60cm 含量迅速降低，60～200cm 土层随着剖面深度的增加，Fe - P 含量呈缓慢减小态势。故 Fe - P 与 Al - P 整体相似，垂直移动性小，且与其他组分转化能力也较小，使得深层剖面产生匮乏现象，无法为土壤底层提供较充足的 Fe - P 和 Al - P 养分。

6.3.5　O - P 的空间变化特征

土壤无机磷组分 O - P 含量的剖面（图 6 - 7），1991 年与 2001 年相似，变化规律不是很明显，0～20cm 含量小于 20～40cm，40～80cm 逐渐降低，80～200cm 呈不规则的波浪形变化，且 180～200cm 底层含量小于耕层，整个剖面有减小趋势。随着施肥年份的增加，2011 年 O - P 剖面耕层大量累积，20～60cm 剖面含量逐渐下降，60～100cm 又逐渐升高，100～200cm 缓慢降低，整个剖面呈 S 形分布。NPM 处理 O - P 的含量明显大于其他处理，其剖面累积量为 530.77mg/kg，比 CK、P、M、NP 4 个处理分别增加 311.04、187.14、134.65、106.83mg/kg。各处理剖面累积量为 NPM＞NP＞M＞P＞CK，化肥配施效果要比单施有机肥好些。

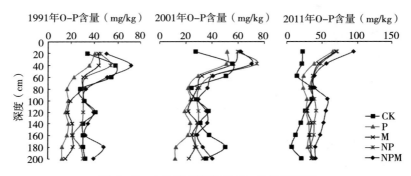

图 6-7　土壤无机磷组分 O-P 的剖面图

6.3.6　Ca_{10}-P 的空间变化特征

如图 6-8 所示，土壤无机磷组分 Ca_{10}-P 的剖面分布中，1991 年和 2001 年相似，20～40cm Ca_{10}-P 含量比 0～20cm 含量高，40～100cm 随着土壤剖面深度的增加，Ca_{10}-P 含量呈降低趋势，100～200cm 时剖面又随着深度的增加而缓慢增大。1991 年 CK、P、M、NP、NPM 5 个处理耕层 Ca_{10}-P 含量分别为 339.40、343.88、346.10、348.85、349.33mg/kg；而 180～200cm 土层，5 个处理 Fe-P 含量分别为 360.89、375.15、447.81、466.30、469.87mg/kg，剖面整体呈缓慢增加的趋势。2001 年 CK、P、M、NP、NPM 5 个处理 180～200cm Ca_{10}-P 含量分别比 0～20cm 增加：23.91、12.00、23.60、26.04、55.11mg/kg。2011 年土壤无机磷组分 Ca_{10}-P 的含量最大，20～

60cm 逐渐降低，60～200cm 逐渐增加，但仍小于耕层含量，CK、P、M、NP、NPM 5 个处理耕层 Ca_{10}-P 的含量比 180～200cm 土层分别高 72.54、73.63、51.93、48.68、37.94mg/kg。2011 年 5 个处理剖面 Ca_{10}-P 含量均处于衰减态势，其剖面分布趋势的特点与其他无机形态在土层中的转化相关。

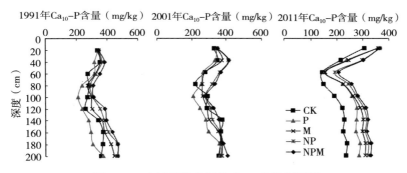

图 6-8　土壤无机磷组分 Ca_{10}-P 的剖面图

6.4　不同肥料种类土壤有机磷的空间变化特征

　　磷在土壤中移动性极小，一般认为施肥对土壤有机磷素剖面的分布影响较小。由于土壤里各种微生物及其作物根系分泌物共同作用，土壤中无机磷与有机磷之间、有机磷各组分之间的相互转化，使得土壤有机磷各组分剖面呈现不同的分布规律。

6.4.1　活性有机磷（LOP）的空间变化特征

　　图 6-9 显示，不同施肥的各处理中耕层活性有机磷含量最高，活性有机磷含量在土壤剖面中总体呈减小趋势。单施磷肥主

要影响活性有机磷的耕层，耕层以下 40～200cm 剖面活性有机磷含量与空白接近，剖面分布也与对照相似。各处理活性有机磷均在 0～40cm 剖面急剧下降，活性有机磷作为有效磷源是作物易吸收的磷素，小麦通过根系对 0～40cm 土壤剖面内活性有机磷吸收利用，其有机残体累积于土壤表层，从而使得有机磷在 0～40cm 土层内出现急剧下降的趋势，40～120cm 剖面土层的活性有机磷含量并不稳定，但至 2011 年时基本呈现稳定状态，120～200cm 土层活性有机磷的变化较小。单施 M 肥和 NPM 配施土壤剖面分布明显高于施化肥处理和不施肥处理。NPM 配施耕层活性有机磷含量最高，20～40cm 土层活性有机磷明显降低，1991 年、2001 年、2011 年分别降低 3.15、3.98、5.54mg/kg，40～80cm 土层活性有机磷呈较明显的上升趋势，60～80cm 出现一最高值，80～120 cm 土层剖面活性有机磷含量逐渐降低，120cm 以下剖面活性有机磷含量变化有逐渐减小的趋势。有机无机肥配施或者有机肥单施土壤剖面活性有机磷含量均有所增加，其中耕层增加最显著。其中 60～80cm 剖面土层活性有机磷出现大幅的增加，可能是因为根系分泌物和土壤微生物促进土层间中

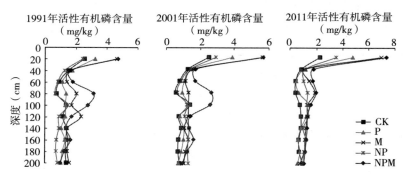

图 6-9 土壤有机磷组分活性有机磷的剖面图

稳性有机磷和高稳性有机磷相互转化所致。

6.4.2 中活性有机磷（MLOP）的空间变化特征

土壤有机磷组分中活性有机磷不同施肥处理土壤剖面分布规律不同（图 6-10）。1991 年，中活性有机磷含量分布图较不稳定，0～40cm 土层施化肥和不施肥的处理中活性有机磷含量降低，后随着土层深度加深 40～100cm 土层剖面中间出现一个峰值，在 60～80cm 处达到整个剖面最大值，随后又逐渐降低，180～200cm 土层中活性有机磷含量略低于耕层含量；而施有机肥和 NPM 配施的处理在 0～40cm 土层缓慢升高，40cm 以下剖面变化与单施 P 肥和 NP 配施相似。2001 年和 2011 年中活性有机磷剖面土壤变化相同。各施肥处理，0～40cm 剖面土层中活性有机磷的含量全部降低，40～200cm 变化与1991 年类似。

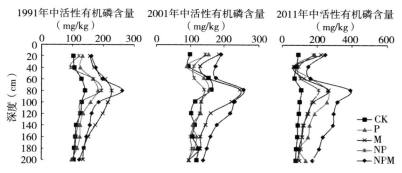

图 6-10　土壤有机磷组分中活性有机磷的剖面图

180～200cm 剖面土壤中活性有机磷的含量几乎与耕层相同。单施 M 肥和 NPM 配施剖面土壤中活性有机磷的含量都明显高于单施 P 肥和 NP 配施的处理。有机无机肥配施对中活性有机磷剖面分布的影响远远大于单施化肥和配施化肥的处理。有机无机肥配施 0～200cm 剖面土层中活性有机磷含量均增加，施化肥处理则主要增加 40～100cm 土层中活性有机磷含量。

6.4.3 中稳性有机磷（MROP）的空间变化特征

图 6-11 所示，各施肥处理中稳性有机磷剖面分布规律基本相同。中稳性有机磷 0～20cm 有一部分累积，20～40cm 剖面土层明显下降，40～80cm 剖面土层逐渐增大，60～80cm 达到剖面的最大值，此时 NPM 配施的中稳性有机磷含量在 1991、2001、2011 年 3 个年份分别为 30.90、29.38、31.80mg/kg；80～120cm 中稳性有机磷含量又逐渐减少，120～200cm 土层变化趋于稳定。0～120cm 剖面土层中稳性有机磷大量累积，1991 年 CK、P、M、NP、NPM 5 个处理分别为 88.40、86.59、125.37、107.86、128.96mg/kg；2001 年 5 个处理分别为 82.10、80.40、116.90、98.72、122.75mg/kg；2011 年分别为 69.81、70.30、100.75、82.99、127.42mg/kg，在 0～120cm 土层中稳性有机磷的剖面累积值整体呈现：NPM＞M＞CK。1991 年耕层中稳性有机磷均小于 CK，剖面累积 NP 配施小于 CK，2001 年只有 NPM 配施大于 CK，剖面总体累积单施 P 肥小于 CK。由此可以得出，施化肥有利于中稳性有机磷的矿化或向有机磷其他组分的转化。

所以可以称 0～20cm 土层为中稳性有机磷的轻度累积层，20～40cm 土层为中稳性有机磷的亏损层，40～120cm 土层为中稳性有机磷的累积层，120cm 以下土层为中稳性有机磷的轻度亏损层。

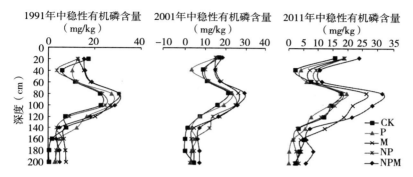

图 6-11 土壤有机磷组分中稳性有机磷的剖面图

6.4.4 高稳性有机磷（HROP）的空间变化特征

由图 6-12 发现，1991 年土壤高稳性有机磷含量随剖面的变化不明显。60～80cm 剖面有一个最大值，此时 CK、P、M、NP、NPM 5 个处理分别为 12.99、13.68、13.97、12.69、14.61mg/kg，80～200cm 剖面土层有机磷含量随剖面深度的增加而减少。2001 年土壤高稳性有机磷含量随剖面的变化与 2011 年相似。0～40cm 剖面土层有机磷含量明显减少，40～80cm 逐渐升高，并达到一个最大值，80～200cm 剖面土层随土层深度增加，有机磷含量逐渐减少。2011 年剖面 60～80cm 最高点时，M、NP、NPM 3 个处理土层有机磷含量分别为 19.30、16.97、26.53mg/kg，均大于耕层含量。可见施肥对高稳性有机磷含量的影响主要在剖面 0～80cm 土层，配施有机无机肥可以促进作物的生长和根系的发育，从而促使下层土壤高稳性有机磷发生转化。

总之，随着施肥年限的增加，活性有机磷在土壤剖面中呈现总体下降趋势，中活性有机磷含量的变化规律不是很明显，中稳

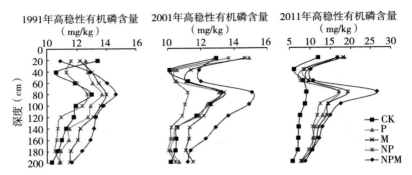

图 6 - 12　土壤有机磷组分高稳性有机磷的剖面图

性有机磷和高稳性有机磷在土壤剖面呈 S 形分布，单施 M 肥、NPM 配施对有机磷各组分剖面各层含量产生一定的影响，但对其分布规律影响不大。

6.5　讨论

6.5.1　不同施肥对土壤磷无机磷分级的影响

不同施肥对土壤磷素分级的影响受国内外土壤研究者的关注。顾益初和钦绳武（1997）对石灰性土壤进行研究，得出长期施肥无机磷主要是 Ca_2-P、Ca_8-P 的积累。本研究施入不同类型肥料，耕层土壤无机磷组分均有增加，结果出现差异可能与试验地施肥年限、施肥种类及施肥数量有关。有研究证明，水溶性磷肥施入土壤后在较短时间内以 Ca_2-P 的形式存在，随着时间增加逐渐转化呈 Ca_8-P（蒋柏藩，1981）。不同肥料施入土壤中的磷肥在短期内首先转化为 Ca_2-P 和 Ca_8-P，但由于长期大量施用有机无机肥导致 Ca_8-P 大量增加并向 Ca_2-P 转化，O-P 含量逐渐增加。

6.5.2 不同施肥对土壤磷有机磷分级的影响

土壤有机磷是植物生长所需磷素重要来源（鲁如坤，2000），但有机态磷不能被植物直接吸收，大部分有机磷需要矿化作用转化为可以被植物吸收利用的无机态磷。土壤中有机磷矿化与生物固定同时进行，矿化的有机磷会被土壤颗粒迅速吸附，且受环境因素和人为因素影响较大（姜一等，2014）。本研究结果表明，长期施肥对土壤无机磷的影响要大于有机磷。土壤有机磷占全磷的 19.46%～35.49%，土壤有机磷以中等活性有机磷为主，其次为中稳性有机磷、高稳性有机磷，含量最少的为活性有机磷。不同施肥土壤有机磷总量增加，NPM 配施对有机磷组分的增加效果要明显大于单施 M 肥、NP 配施，单施磷肥对增加有机磷各组分含量的效果不明显。有机无机肥料配施可明显增加土壤有机磷含量，单施化肥土壤有机磷总量也有增加。长期不同施肥处理有利于增加耕层活性有机磷和中活性有机磷的含量，分析原因可能是大量施肥可有效促进土壤易分解有机质数量的增加。

6.6 小结

（1）不同施肥处理，土壤剖面中无磷组分 Ca_2-P 含量的变化趋势为：NPM＞M＞NP＞P＞CK。长期施肥，Ca_8-P 剖面变化与 Ca_2-P 类似，耕层最大，20～60cm 减少，60～200cm 基本保持不变。Ca_2-P 和 Ca_8-P 主要累积在 0～60cm 土层，使得 0～60cm 土层 Ca_2-P、Ca_8-P 含量大于剖面下层，并且 0～20cm 含量较高。Al-P 和 Fe-P 情况相似，垂直移动性小，主要累积在 20～60cm。O-P 含量整个剖面呈减少态势。Ca_{10}-P 含量比较稳定，施入土壤中的磷很少转化为 $Ca_{10}-P$。

（2）长期施肥对有机磷空间分布的影响，活性有机磷在土壤剖面中总体呈下降趋势，中等稳定性有机磷和高稳性有机磷在土壤剖面呈 S 形分布，中活性有机磷剖面含量规律性不太明显。单施 P 肥、M 肥、NP 配施、NPM 配施对有机磷各组分剖面各层次含量都有一定的影响，但对其分布规律影响不大。不同施肥处理使土壤剖面下层中稳性有机磷、高稳性有机磷减少，中活性有机磷增加；长期大量施肥可促进作物的生长和根系的发育，可促进下层土壤中稳性、高稳性有机磷向中活性有机磷转化。

7 轮作系统苜蓿土壤磷素变化特征

　　紫花苜蓿（*Medicago sativa*）为多年生豆科牧草，抗逆性强，适应范围广，产量高，适口性好，营养丰富，能生长在多种类型的气候、土壤环境下（杨青川，2003）；在播种当年即可完全郁蔽地面，对有效控制土壤侵蚀、防治土壤退化起到重要作用，长期以来已经在黄土高原地区大面积种植（刘晓静等，2013；李盛昌等，1990），对该地区农业发展发挥着十分重要的作用。

　　磷是作物生长发育的必需营养元素之一，以多种途径参与植物体内的多种代谢过程，在人类赖以生存的环境中发挥着不可替代的作用。土壤中磷以无机磷为主，占土壤全磷含量的 60%～90%，是植物磷素营养的主要来源（丁怀香等，2010；郭彦军等，2009；陈磊等，2007），其供应量对作物的产量和品质有重要影响。土壤中磷的形态及含量不仅能反映土壤磷的有效性，同时也反映农田磷对水体环境的影响。土壤中的磷大部分是缓效态，需要微生物或根系分泌物活化后才能被利用。植物生长所需的养分主要通过微生物的转化和利用才能被植物利用。磷是植物必需的矿质元素，微生物磷亦称为微生物养料物质（曲东等，1994），土壤微生物既是土壤有机质和土壤养分转化、循环的动力，又可作为土壤中植物有效养分的储备库，在土壤肥力和植物营养中具有重要作用（Hignett，1997；Jenkinson，1981）。

不同的轮作系统中，不同作物根系养分的种类、数量及其分泌物和残茬对土壤磷素的影响是不同的，因此，不同的轮作系统对土壤磷的影响也不同。豆科作物与禾本科作物对土壤氮素营养状况的影响不同早已被许多试验所证实（戚瑞生等，2012；邹亚丽等，2005；张为政，1990），但是关于不同轮作方式中禾本科和豆科作物对土壤磷素营养状况影响的研究甚少。

本章研究主要是对前文研究的实践运用。本研究也是在长武长期定位试验的基础上，对轮作系统苜蓿土壤磷素状况、各形态磷素的积累量及积累态磷的生物有效性进行了分析，以期为区域作物有效磷素合理利用的高效性提供理论依据，对于优化农牧区土壤磷素的区域管理具有重要的指导意义。

7.1　轮作系统苜蓿土壤全磷和速效磷的变化特征

轮作系统中当年作物种类对土壤全磷和速效磷存在一定的影响（图 7-1），经过对苜蓿轮作土壤的全磷和速效磷研究发现，随着种植苜蓿年限增加，土壤全磷和速效磷含量减小，而 2 年生、3 年生、4 年生苜蓿之间含量的差异不显著。

试验地苜蓿土壤磷素含量随轮作年限的增加而逐年减少（图 7-1）。苜蓿轮作的全磷含量为 1 年生苜蓿＞2 年生苜蓿＞3 年生苜蓿＞4 年生苜蓿。1 年生苜蓿和 2 年生苜蓿土壤全磷含量差异显著，即 1 年生苜蓿土壤全磷含量最高，为 786.89mg/kg；2 年生与 3 年生苜蓿土壤全磷含量差异性不显著，但较 1 年生苜蓿分别降低 9.6% 和 10.4%，全磷含量最低的是 4 年生苜蓿，为 689.44mg/kg，比 1 年生苜蓿低 12.4%。

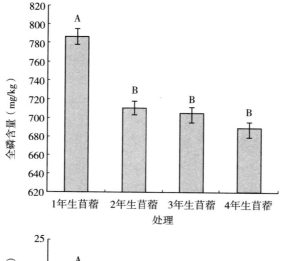

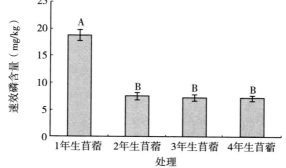

图 7-1 轮作苜蓿土壤全磷和速效磷的含量

注：柱状图标注不同字母者差异显著（$P<0.05$），$n=3$。下同。

随着苜蓿生长年限的增加，土壤速效磷含量与全磷含量的变化趋势一致（图 7-1）。1 年生苜蓿与 2 年生、3 年生、4 年生苜蓿差异显著，但是 2 年生、3 年生、4 年生苜蓿之间差异不显著。速效磷含量为 1 年苜蓿＞2 年苜蓿＞3 年苜蓿＞4 年苜蓿。1 年生土壤速效磷含量明显高于其余 3 年生苜蓿，高达 18.78mg/kg。

随着苜蓿生长年限的增加，速效磷含量骤降，减幅逐渐增大，分别为 59.5％、60.4％和 61.9％。

7.2 轮作系统苜蓿土壤无机磷组分的变化特征

7.2.1 轮作苜蓿土壤无机磷各形态含量及组成

在轮作系统中随着苜蓿生长年限的增加，Ca_2-P 和 Ca_8-P 含量及其占无机磷总量比例呈减小趋势，同时 $Al-P$、$Fe-P$ 和 $O-P$ 含量及其所占比例呈减小趋势，但是 $Al-P$ 和 $Fe-P$ 含量变化差异不显著，$Ca_{10}-P$ 含量及其所占比例呈逐渐增大趋势。这表明苜蓿在吸收利用 Ca_2-P 和 Ca_8-P 的同时也对土壤中部分 $O-P$ 和 $Ca_{10}-P$ 加以利用（图 7-2）。Ca_2-P 和 Ca_8-P 是无机磷组分中有效性较大的部分，用这 2 种组分之和可以近似表示无机磷中的速效部分；$O-P$ 和 $Ca_{10}-P$ 是无机磷组分中稳定性较大的部分，用这 2 种组分之和可以近似表示无机磷中的难利用部分。

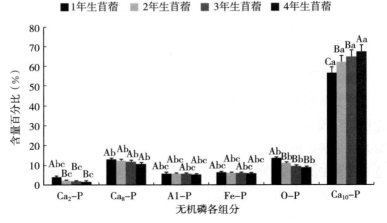

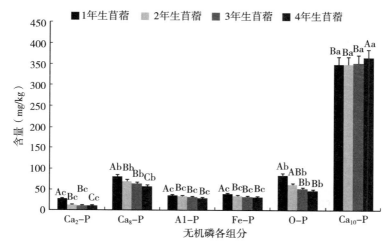

图 7-2 轮作苜蓿土壤无机磷组分含量及占比

注：图中大写字母表示处理间的差异极显著（0.01），小写字母表示不同指标间的差异显著（0.05），用 LSD 计算（$n=3$）。下同。

7.2.2 轮作苜蓿土壤无机磷的转化率

比较土壤无机磷转化率可以发现（表 7-1），轮作苜蓿处理中 Ca_2-P 和 Ca_8-P 转化率之和的大小为 1 年生苜蓿＞2 年生苜蓿＞3 年生苜蓿＞4 年生苜蓿。随着苜蓿生长年限的增加，氮磷肥转化为速效态磷 Ca_2-P 和 Ca_8-P 的比率减小。O-P 和 Ca_{10}-P 转化率之和的大小为 4 年生苜蓿＞1 年生苜蓿＞2 年生苜蓿＞3 年生苜蓿。随苜蓿生长年限的增加，1 年生、2 年生、3 年生苜蓿土壤转化为 O-P 和 Ca_{10}-P 的比率逐渐减小，4 年生苜蓿土壤 O-P和 Ca_{10}-P 转化率增大。这充分说明了苜蓿的"喜磷"特性，苜蓿对土壤磷的吸收利用作用强烈，种植苜蓿年限越长，越能充分利用土壤中的速效态磷 Ca_2-P 和 Ca_8-P，土壤中 O-P 和 Ca_{10}-P 的转化率越大，含量越高。

表 7-1 轮作苜蓿土壤无机磷和有机磷转化率

处理	Ca$_2$-P	Ca$_8$-P	Al-P	Fe-P	O-P	Ca$_{10}$-P	活性有机磷(AOP)	中活性有机磷(MAOP)	中稳性有机磷(MSOP)	高稳性有机磷(HSOP)
1年生苜蓿	15.46	23.84	11.82	11.39	36.72	0.77	2.41	94.66	4.44	-1.51
2年生苜蓿	8.95	25.60	15.91	12.62	33.79	3.12	1.35	88.01	13.32	-2.69
3年生苜蓿	8.15	25.72	18.01	14.09	27.51	6.52	0.95	86.43	7.52	5.10
4年生苜蓿	7.23	15.43	13.69	11.42	21.24	30.99	0.00	104.00	4.63	-8.63

7.3 轮作系统苜蓿土壤有机磷组分的变化特征

轮作系统中，随着苜蓿生长年限的增加，苜蓿土壤的有机磷各组分中活性有机磷和中稳性有机磷含量逐渐减小。活性有机磷的含量最小（图 7-3），仅为 2.67～4.04mg/kg，且不同生长年限的差异不显著。中活性有机磷含量为各形态有机磷中最高，达127.14～154.74mg/kg，占总有机磷的 78.32%～79.48%。长期轮作苜蓿土壤有机磷转化率以中活性有机磷为主，转化率为86.43%～104%（表 7-1），这一方面与中活性有机磷的活性有关，另一方面与其含量较高有关。

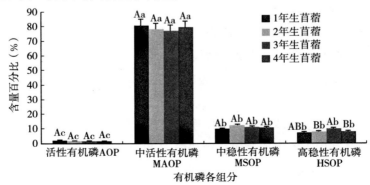

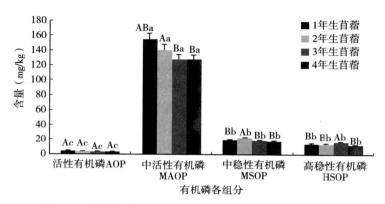

图 7-3　轮作苜蓿土壤有机磷组分含量及所占有机磷比例

7.4　轮作系统苜蓿土壤微生物磷的变化特征

　　土壤微生物磷对环境条件非常敏感，环境条件、施肥以及耕作措施都会影响土壤微生物磷的数量。氮磷肥的施入，对土壤理化结构和营养平衡产生作用，影响土壤微生物的生长和繁殖，进而对土壤微生物磷产生影响。土壤微生物磷占土壤全磷的 $0.67\%\sim2.72\%$，轮作苜蓿系统 1 年生苜蓿土壤微生物磷含量最大（图 7-4），4 年生苜蓿土壤微生物磷含量最小，且随着苜蓿

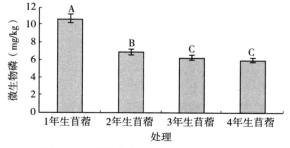

图 7-4　轮作苜蓿土壤微生物磷的含量

生长年限的增加，微生物磷含量逐渐减小，表现为 1 年生苜蓿＞ 2 年生苜蓿＞3 年生苜蓿＞4 年生苜蓿。1 年生、2 年生、3 年生的苜蓿土壤微生物含量差异显著，3 年生与 4 年生处理的差异不显著。

7.5 轮作系统苜蓿土壤微生物磷与有机无机磷各组分及速效磷通径分析

为了进一步说明土壤微生物磷与有机无机磷各组分及速效磷之间的关系，对微生物磷、有机无机磷各组分进行了通径分析（表 7 - 2）。

表 7 - 2　土壤微生物磷与有机无机磷各组分及速效磷相关分析表

X_1- Y	X_1- X_2	X_1- X_3	X_1- X_4	X_1- X_5
0.936**	0.896**	0.91**	0.755**	0.831**
X_1- X1- Y	X_1- X2- Y	X_1- X3- Y	X_1- X4- Y	X_1- X5- Y
0.085	0.424	0.179	−0.207	0.108
X_1- X_6	X_1- X_7	X_1- X_8	X_1- X_9	X_1- X_{10}	X_1- X_{11}
0.688**	0.306	0.893**	0.041	−0.305	−0.404
X_1- X6- Y	X_1- X7- Y	X_1- X8- Y	X_1- X9- Y	X_1- X10- Y	X_1- X11- Y
0.028	−0.011	0.325	−0.004	0.003	0.006

注：X_1 为微生物磷，X_2 至 X_{11} 分别为 Ca_2- P、Ca_8- P、Al- P、Fe- P、O- P、Ca_{10}- P、活性有机磷、中活性有机磷、中稳性有机磷和高稳性有机磷，Y 为速效磷。** 表示显著相关（$P<0.01$）。

土壤微生物磷与有机无机磷各组分除 Ca_{10}- P、中活性有机磷、中稳性有机磷、高稳性有机磷外均呈极显著相关。土壤微生物磷与有机无机土壤速效磷之间通径系数为 0.936，达极显著相关，直接通径系数为 0.085，间接通径系数为 0.851，间接通径系数远大于直接通径系数，说明微生物磷对作物的有效性主要是通过土壤中磷各组分来实现的，其中路径 Ca_2-P、Ca_8-P 与活性有机磷的间接通径系数分别为 0.424、0.179 和 0.325，$Al-P$ 的间接通径系数为 -0.207，这说明土壤微生物磷的有效性主要通过 Ca_2-P、Ca_8-P 和活性有机磷的正效应及 $Al-P$ 的负效应来实现。

7.6 讨论

7.6.1 苜蓿种植对土壤磷的影响

紫花苜蓿是一种高产、优质的豆科牧草，具有保持水土、改良土壤的功能，是我国北方草田轮作的首选草种（郭晔红等，2004；耿华珠等，1995）。磷是植物生长发育必需的大量营养元素之一，以多种方式参与植物体内各种生物化学过程，对促进植物的生长发育和新陈代谢起着非常重要的作用（丁玉川等，2005）。本研究中连续种植苜蓿年限越长，土壤全磷、速效磷和土壤微生物磷含量越低。这是因为紫花苜蓿是一种多年生豆科牧草，其需磷量较大，根瘤固氮作用改善了土壤氮素营养状况，提高了作物吸磷量。紫花苜蓿体内磷含量通常为 0.2%～0.5%，临界水平为 0.20%～0.25%（杨恒山等，2004；杨青川，2003）。随着种植年限的增加，作物生长发育不良，品质及质量下降，抗病能力降低，但主要是土壤中微生物种群结构失衡，从而导致作物减产、土壤质量下降（吴凤芝等，2000；喻景权等，2000；Brookes et al.，1984；Bowman et al.，1978）。

7.6.2 不同的轮作制度对土壤无机磷的影响

不同作物根系养分的种类、数量及其分泌物和残茬对土壤磷素的影响是有差异的，因此，不同的轮作制度对土壤磷的影响不同。马艳梅（2006）的研究也表明，轮作和连作相比，土壤磷组分以轮作土壤中的 Ca_2-P 增幅最大，小麦（*Triticum aestivum*）—玉米（*Zea mays*）轮作和小麦—豌豆（*Pisum sativum*）轮作可以使土壤中各形态无机磷累积，而苜蓿连作对土壤中各形态无机磷的累积量较小。在长期定位试验的石灰性土壤中，无机磷对速效磷的重要性比有机磷大，而在无机磷组分中则以 Ca_2-P 和 Ca_8-P 是速效磷的主要磷源（张树金等，2010；于丹等，2009；吕家珑等，2003）。苜蓿土壤中无机磷组分在土壤剖面中以 $Ca-P$ 为主，种植苜蓿年限越长，越能充分利用土壤中的速效态磷 Ca_2-P 和 Ca_8-P，土壤中 $O-P$ 和 $Ca_{10}-P$ 的转化率越大，含量越高。

7.6.3 不同的轮作制度对土壤有机磷的影响

轮作当年作物根系分泌物或前茬作物残体归田分解，释放出的微生物的代谢物促进了土壤有机磷的矿化分解，从而导致土壤有机磷占土壤全磷比例的减小（蒋柏藩等，1990）。轮作系统当年的作物类型对土壤微生物磷有一定的影响，不同的作物残体归田的数量及成分不同，对微生物的营养状况不同。轮作苜蓿土壤有机磷各组分中，活性有机磷和中活性有机磷含量及占有机磷总量比例随种植年限的增加而减小，中稳性有机磷和高稳性有机磷变化与生长年限无明显相关，主要是由于活性有机磷和中活性有机磷较易矿化为无机磷以满足苜蓿生长所需，苜蓿生长年限越长，矿化量越大（李丽等，2012）。谢林花等（2004）研究表明，不同施肥处理有利于增加耕层活性、中活性有机磷的含量，这与施肥可使土壤易分解有机质数量增加有关；不同施肥处理可使下层土壤中稳性、高稳性有机磷减少；施肥促进作物生长和根系发育，促进下层土壤中稳性、高稳性有机磷的转化。本研究中，苜蓿土壤有机磷占全磷总量的 17.09%～27.70%，土壤有机磷以中活性有机磷为主，其次为中稳性有机磷、高稳性有机磷和活性有机磷。长期施肥土壤活性有机磷、中活性有机磷含量增加，高稳性有机磷含量降低，中稳性有机磷变化较为复杂。

7.6.4 土壤各磷的有效性

由通径分析可知，Ca_2-P、Ca_8-P 和活性有机磷是速效磷的主要磷源；$O-P$ 可通过转化为 Ca_2-P 和 Ca_8-P 而间接地成为速效磷被作物利用；$Ca_{10}-P$、中活性有机磷、中稳性有机磷及高稳性有机磷对速效磷贡献较小（潘占兵等，2011；杨恒山等，2012）。土壤微生物磷与磷各组分除 $Ca_{10}-P$、中活性有机磷、中稳性有机磷、高稳性有机磷外均呈极显著相关，微生物磷对作物的有效性主要是通过 Ca_2-P、Ca_8-P 和活性有机磷的正效应及 $Fe-P$ 的负效应来实现。土壤速效磷是土壤中直接能被植物吸收利用的那部分土壤磷，速效磷含量的高低决定土壤供磷能力。高文星等人研究表明，土壤微生物所含的磷与土壤速效磷之间呈极显著相关（王百群等，2010；高文星等，2008）。微生物磷可作为土壤供磷能力的指标，通过刺激微生物的生长，加强微生物对磷的转化利用，从而增加土壤速效磷的含量，提高土壤磷的利用率。

7.7 小结

（1）轮作系统中苜蓿土壤全磷、速效磷和土壤微生物磷的含量与苜蓿生长年限成反比，苜蓿生长年限越长，土壤全磷、速效磷和土壤微生物磷含量越低，其含量均表现为 1 年生苜蓿＞2 年生苜蓿＞3 年生苜蓿＞4 年生苜蓿。

（2）苜蓿为豆科牧草，需磷量较大，其根瘤固氮作用改善了土壤氮素营养状况，从而提高了作物的吸磷量。粮草轮作的其他作物小麦和马铃薯根系对提高土壤磷素的有效性也有着良好的影响，从而导致了土壤有效磷水平的提高。无论如何，小麦和马铃薯在轮作中可以缓解或减轻豆科牧草对土壤磷素的消耗是毋庸置疑的。

（3）苜蓿土壤中无机磷组分在土壤剖面中以 $Ca-P$ 为主，占无机磷总量的 $70\%\sim80\%$。长期施肥土壤中磷素大量以 $O-P$ 态累积在土层中，主要通过转化为 Ca_2-P 和 Ca_8-P 累积在耕层被作物吸收利用。$Ca_{10}-P$ 比较稳定，很少转化为 Ca_2-P 和 Ca_8-P，难以被作物利用。苜蓿土壤有机磷含量以中活性有机磷为主，其次为中稳性有机磷、高稳性有机磷和活性有机磷。活性有机磷和中活性有机磷含量及占有机磷总量比例随种植年限的增加而减小，中稳性有机磷和高稳性有机磷变化与生长年限无明显相关。

8　长期施肥土壤磷素的转化及其有效性分析

　　磷肥施入土壤中，至少有 $70\%\sim90\%$ 的磷素以不同形式累积在土壤中。无机磷（Pi）占土壤全磷含量的 $60\%\sim80\%$，有效磷的含量主要依靠无机磷组分的分布和转化而来。土壤速效磷与无机磷、有机磷某一组分的相关性越显著，该组分无机磷、有机磷的有效性就越强，对有效磷的水平影响就越大，由此可以推断出有效磷测定中浸出的主要磷组分。同时，土壤中磷各组分存在一定的相关性，如果把它们之间的相关关系简化看作一种直线相关，在统计学上就可以对土壤各组分对速效磷的影响方式以及彼此之间的转化规律进行研究。磷组分之间的相互影响较大，单相关系数已无法说明多因子之间的复杂关系，多因子偏相关分析考虑了多因子的相互影响，却无法了解因子之间影响的相对大小和具体途径。本章在土壤速效磷与磷组分相关关系研究的基础上，通过通径分析所有处理的 3 次重复数据，研究比较土壤无机磷和有机磷各组分对速效磷的影响大小及其相对有效性。

8.1　速效磷与各形态无机有机磷、全磷的相关性

　　长期不同施肥处理中，土壤耕层不同形态无机磷和有机磷之间的相关分析（表 8-1）可知，速效磷与 Ca_{10}-P、中活性有机

表 8-1 速效磷与土壤无机有机磷组分、全磷的相关系数矩阵及显著性检验

相关系数	速效磷 (AP)	Ca_2-P	Ca_8-P	$Al-P$	$Fe-P$	$O-P$	$Ca_{10}-P$	活性有机磷 (LOP)	中活性有机磷 (MLOP)	中稳性有机磷 (MROP)	高稳性有机磷 (HROP)	全磷 (TP)
速效磷 (AP)	1.000	0.780**	0.681**	0.602**	0.513**	0.526**	0.152	0.883**	0.301	-0.015	-0.125	0.580**
Ca_2-P		1.000	0.877**	0.939**	0.870**	0.697**	0.031	0.727**	0.266	-0.001	-0.135	0.753**
Ca_8-P			1.000	0.894**	0.961**	0.837**	-0.074	0.776**	0.365	0.357	0.257	0.787**
$Al-P$				1.000	0.912**	0.685**	-0.024	0.715**	0.334	0.034	0.103	0.746**
$Fe-P$					1.000	0.808**	-0.129	0.769**	0.339	0.312	0.211	0.789**
$O-P$						1.000	-0.095	0.702**	0.515**	0.214	0.205	0.811**
$Ca_{10}-P$							1.000	0.716**	0.491	0.309	0.183	0.629**
活性有机磷 (LOP)								1.000	0.126	0.261	0.118	0.632**
中活性有机磷 (MLOP)									1.000	0.352	0.308	0.677**
中稳性有机磷 (MROP)										1.000	0.350	0.491
高稳性有机磷 (HROP)											1.000	0.357
全磷 (TP)												1.000

注: **表示显著相关 ($P<0.01$)。

磷显著正相关，与中稳性有机磷、高稳性有机磷负相关但不显著，与其他形态磷都极显著正相关，相关系数为 $0.513\sim0.883$；Ca_2-P 与 Ca_8-P、$Al-P$、$Fe-P$、活性有机磷、全磷极显著正相关，且相关系数为 $0.697\sim0.939$，与中活性有机磷显著相关，与中稳性有机磷、高稳性有机磷负相关但并不显著；Ca_8-P 与中稳性有机磷、高稳性有机磷显著相关；与其他形态磷均显著正相关，且相关系数为 $0.787\sim0.961$，$Al-P$ 与中活性有机磷、中高稳性有机磷、高稳性有机磷正相关，均不显著，与其他形态磷均显著相关；$Fe-P$ 与中稳性有机磷、高稳性有机磷正相关但不显著，而与其他形态磷均显著相关；$O-P$ 与所有磷素显著正相关；$Ca_{10}-P$ 与活性有机磷、全磷显著正相关；活性有机磷与除中活性有机磷、中稳性有机磷、高稳性有机磷以外的所有磷形态显著正相关；中活性有机磷与 $O-P$ 显著相关；中稳性有机磷与 Ca_2-P 和 Ca_8-P 负相关；高稳性有机磷与中稳性有机磷相似；全磷只与中稳性有机磷和高稳性有机磷正相关。相关性分析表明，Ca_2-P 与其他形态之间相互转化程度较大，其他形态磷素都容易转化为它，Ca_2-P 容易被作物吸收利用，故存在于土壤的含量较少。$O-P$、$Ca_{10}-P$、中稳性有机磷和高稳性有机磷与其他形态之间相互转化程度最少，故它们在土壤中相对较为稳定，活性较低。

8.2 速效磷与各形态无机有机磷的通径分析

由土壤速效磷、无机磷各形态、有机磷各形态含量间的相关关系作通径分析（表 8-2），设速效磷含量为因变量 y，无机磷各形态、有机磷各形态、全磷含量为自变量 x，Ca_2-P、Ca_8-P、

Al‐P、Fe‐P、O‐P、Ca_{10}‐P、活性有机磷、中活性有机磷、中稳性有机磷、高稳性有机磷、全磷分别为自变量 x_1、x_2、x_3、x_4、x_5、x_6、x_7、x_8、x_9、x_{10}、x_{11}，根据 SPSS 得出的偏回归系数、标准回归系数、标准误差及相对应的检验结果，拟合线性回归方程为：

$$y = 28.517 + 0.192x_1 + 0.294x_2 - 0.239x_3 - 0.622x_4 - 0.005x_5 - 0.223x_6 + 11.979x_7 + 0.046x_8 - 1.359x_9 - 0.296x_{10} + 0.012x_{11} \quad (R^2 = 0.987)$$

表 8‐2　全磷、无机磷和有机磷组分含量与速效磷回归系数输出结果

模型	偏回归系数	标准回归系数	显著性 $Sig.$
常量	28.517	—	0.001
Ca_2‐P	0.192	0.351	0.766
Ca_8‐P	0.294	0.187	0.291
Al‐P	−0.239	−0.252	0.614
Fe‐P	−0.622	−0.273	0.450
O‐P	−0.005	−0.137	0.987
Ca_{10}‐P	−0.223	−0.006	0.163
LOP	11.979	0.167	0.001
MLOP	0.046	0.101	0.754
MROP	−1.359	−0.332	0.245
HROP	−0.296	−0.404	0.819
TP	0.012	0.637	0.426

注：决定变量为速效磷（AP）。

回归结果表明，截距 28.517 与 0 之间差异显著；x_7、x_9 偏回归系数显著；x_4 接近显著水平；x_1、x_2、x_3、x_5、x_6、x_8、x_{10}、x_{11} 不显著。y 关于 x_1、x_2、x_3、x_4、x_5、x_6、x_7、x_8、

x_9、x_{10}、x_{11} 的通径系数就是 y 关于 x_1、x_2、x_3、x_4、x_5、x_6、x_7、x_8、x_9、x_{10}、x_{11} 的标准回归系数，得出自变量关于因变量的通径系数分别为：$P_{y1}=0.351$，$P_{y2}=0.187$，$P_{y3}=-0.252$，$P_{y4}=-0.273$，$P_{y5}=-0.137$，$P_{y6}=-0.006$，$P_{y7}=0.167$，$P_{y8}=0.101$，$P_{y9}=-0.332$，$P_{y10}=-0.404$，$P_{y11}=0.637$ 显著性检验结果与各偏回归系数检验结果相同。得出的线性回归方程方差分析中显示 $F=95.958$（$P<0.005$），方差分析极显著，说明该方差分析是有意义的。土壤磷各组分对速效磷的直接通径系数为：全磷（0.637）＞Ca_2-P（0.351）＞Ca_8-P（0.187）＞活性有机磷（0.167）＞中活性有机磷（0.101）＞Ca_{10}-P（-0.006）＞O-P（-0.137）＞Al-P（-0.252）＞Fe-P（-0.273）＞中稳性有机磷（-0.332）＞高稳性有机磷（-0.404）。

土壤无机有机磷组分对速效磷的通径系数及其通径链系数由表 8-3 得出，全磷对速效磷的通径系数最大为 0.637，其极显著相关。Ca_2-P 对速效磷的通径系数为 0.270，与其他形态磷的通径系数相比较大，表明土壤中 Ca_2-P 能直接影响土壤中速效磷的含量，Ca_2-P 是土壤中有效磷的直接来源。Ca_8-P 与 Ca_2-P 的间接通径系数大于对速效磷的通径系数，为 0.187，故无机磷组分 Ca_8-P 主要通过转化为 Ca_2-P 而间接影响土壤有效磷含量。Al-P、Fe-P 与土壤速效磷的通径系数为负值，而与 Ca_2-P、Ca_8-P 的间接通径系数却为正相关关系，说明 Al-P、Fe-P 可以通过转化为 Ca_2-P、Ca_8-P 组分而被作物吸收利用。O-P 对速效磷的通径系数为 -0.137，对 Ca_2-P、Ca_8-P 的间接通径系数为 0.075、0.018，由此 O-P 可转化为 Ca_2-P 和 Ca_8-P 组分而间接地被作物所吸收利用，但作用相对于 Al-P、Fe-P 要弱

表 8 - 3　土壤无机有机磷组分对速效磷的通径系数及其通径链系数

	Ca$_2$-P	Ca$_8$-P	Al-P	Fe-P	O-P	Ca$_{10}$-P	LOP	MLOP	MROP	HROP	AP
Ca$_2$-P	**0.569**	0.205	0.028	-0.062	0.043	0.006	0.113	-0.002	0.008	0.005	0.351
Ca$_8$-P	0.237	**0.387**	0.029	-0.060	0.047	0.010	0.264	-0.011	-0.003	0.005	0.187
Al-P	0.243	0.329	**0.052**	-0.066	0.046	-0.002	0.246	-0.011	0.016	0.005	-0.252
Fe-P	0.238	0.298	0.028	**-0.253**	0.047	-0.021	0.241	-0.146	0.021	0.005	-0.273
O-P	0.177	0.249	0.022	-0.050	**0.088**	-0.006	0.196	-0.022	0.015	0.006	-0.137
Ca$_{10}$-P	0.007	0.019	0.001	0.024	-0.004	**0.056**	0.033	0.012	-0.016	0.003	-0.006
LOP	0.273	0.294	0.024	-0.054	0.042	0.011	**0.327**	0.003	-0.001	0.007	0.167
MLOP	0.035	0.116	0.013	-0.025	0.042	-0.016	0.024	**-0.047**	0.017	0.003	0.101
MROP	0.020	-0.044	0.009	-0.018	0.015	-0.023	-0.018	-0.006	**0.362**	0.005	-0.332
HROP	-0.051	-0.056	0.000	0.016	-0.011	0.001	-0.098	0.003	-0.005	**-0.024**	-0.404

注：对角线数据为通径系数，其余数据为通径链系数。

些。Ca_{10}-P组分与土壤速效磷的相关性不显著,即土壤施入肥料后,Ca_{10}-P含量对有效磷的影响较小,是土壤无机磷各形态中较稳定成分,是土壤无机磷的潜在磷源。

土壤活性有机磷与速效磷的通径系数小于Ca_2-P和Ca_8-P,其通径系数虽小但其通径链系数却相对较大,说明作物对活性有机磷是可以直接吸收利用的,但活性有机磷主要通过土壤微生物的矿化作用转化为无机磷后间接被作物吸收利用。在通径链系数中,土壤活性有机磷与Ca_2-P、Ca_8-P之间的通径系数较大,这说明活性有机磷主要矿化为Ca_2-P和Ca_8-P。其他有机磷组分通径系数和通径链系数都很小,说明其对速效磷贡献也很小。由以上有机磷的有效性分析可以得出:在活性有机磷含量较高的土壤中,有机磷对速效磷影响较大。

参 考 文 献

鲍士旦，1999. 土壤农化分析 ［M］. 北京：中国农业出版社.

曹彩云，李科江，崔彦宏，2008. 长期定位施肥对夏玉米籽粒灌浆影响的
模拟研究 ［J］. 植物营养与肥料学报，14 (1)：48-53.

曹彩云，郑春莲，李科，2009. 长期定位施肥对夏玉米光合特性及产量的
影响研究 ［J］. 中国生态农业学报，17 (6)：1074-1079.

曹翠玉，张亚丽，沈其荣，等，1998. 有机肥料对黄潮土有效磷库的影响
［J］. 土壤 (5)：235-238.

曹宁，张玉斌，陈新平，2009. 中国农田土壤磷素平衡现状及驱动因子分
析 ［J］. 中国农学通报，25 (13)：220-225.

曹一平，崔健宇，1994. 石灰性土壤中油菜根际磷的化学动态及生物有效
性 ［J］. 植物营养与肥料学报 (1)：49-54.

陈磊，郝明德，戚海龙，2007. 长期施肥对黄土旱塬区土壤—植物系统中
氮、磷养分的影响 ［J］. 植物营养与肥料学报，13 (6)：1006-1012.

陈磊，郝明德，张少民，2006. 黄土高原长期施肥对小麦产量及肥料利用
率的影响 ［J］. 麦类作物学报，26 (5)：101-105.

陈修斌，邹志荣，2005. 河西走廊旱塬长期定位施肥对土壤理化性质及春
小麦增产效果的研究 ［J］. 土壤通报，36 (6)：888-890.

程宪国，王维敏，1991. 麦秸翻压对土壤磷组分的影响 ［J］. 土壤通报，
22 (6)：254-256.

程艳丽，邹德乙，2007. 长期定位施肥残留养分对作物产量及土壤化学性
质的影响 ［J］. 土壤通报，38 (1)：64-67.

迟继胜，李杰，黄丽芬，2006. 长期定位施肥对作物产量及土壤理化性质
的影响 ［J］. 辽宁农业科学 (2)：20-23.

党廷辉，高长青，彭琳，等，2003. 长武旱塬轮作与肥料长期定位试验 [J]. 水土保持研究，10（1）：61-64.

丁怀香，宇万太，2008. 长期施肥对潮棕壤无机磷形态的影响 [J]. 中国生态农业学报（4）：824-829.

丁怀香，宇万太，马强，2010. 施肥和茬口对潮棕壤无机磷组分的影响 [J]. 土壤通报，14（6）：1428-1433.

丁玉川，陈明昌，程滨，2005. 不同大豆品种磷吸收利用特性比较研究 [J]. 西北植物学报，25（9）：1791-1797.

董旭，娄翼来，2008. 长期定位施肥对土壤养分和玉米产量的影响 [J]. 现代农业科学，15（1）：9-11.

樊军，郝明德，党廷辉，2001. 长期定位施肥对黑垆土剖面养分分布特征的影响 [J]. 植物营养与肥料学报，7（3）：249-254.

樊廷录，周广业，王勇，2004. 甘肃省黄土高原旱地冬小麦—玉米轮作制长期定位施肥的增产效果 [J]. 植物营养与肥料学报，10（2）：127-131.

方晰，陈金磊，王留芳，等，2018. 亚热带森林土壤磷有效性及其影响因素的研究进展 [J]. 中南林业科技大学学报，38（12）：1-12.

傅高明，李纯忠，1989. 土壤肥料的长期定位试验 [J]. 土壤通报（12）：22-25.

高文星，张莉丽，任伟，2008. 河西走廊盐渍土不同种植年限苜蓿根际磷含量变异特征 [J]. 草业科学，25（7）：54-58.

耿华珠，吴永敷，曹致中，1995. 中国苜蓿 [M]. 北京：中国农业出版社：25-28.

古巧珍，杨学云，孙本华，2004. 长期定位施肥对小麦籽粒产量及品质的影响 [J]. 麦类作物学报，24（3）：76-79.

顾益初，蒋柏藩，鲁如坤，1984. 风化对土壤粒级中磷素形态转化及其有效性的影响 [J]. 土壤学报（2）：134-143.

顾益初，钦绳武，1997. 长期施用磷肥条件下潮土中磷素的积累、形态转化和有效性 [J]. 土壤（1）：13-17.

郭彦军，倪郁，韩建国，2009. 开垦草原与种植紫花苜蓿对土壤磷素有效性的影响. 水土保持学报，23（1）：85-91.

郭晔红，张晓琴，胡明贵，2004. 紫花苜蓿对次生盐渍化土壤的改良效果研究 [J]. 甘肃农业大学学报，39 (2)：173 - 176.

韩梅，李东坡，武志杰，等，2018. 持续六年施用不同磷肥对稻田土壤磷库的影响 [J]. 土壤通报，49 (4)：929 - 935

韩晓日，马玲玲，王晔青，等，2007. 长期定位施肥对棕壤无机磷形态及剖面分布的影响 [J]. 水土保持学报 (4)：51 - 55，144.

何松多，2008. 水稻土的磷库分级以及对 P 的吸附—解析特性研究 [D]. 杭州：浙江大学.

何晓雁，郝明德，李慧成，2010. 黄土高原旱地小麦施肥对产量及水肥利用效率的影响 [J]. 植物营养与肥料学报，16 (6)：1333 - 1340.

皇甫湘荣，杨先明，黄绍敏，2006. 长期定位施肥对强筋小麦郑麦 9023 产量和品质的影响 [J]. 河南农业科学，4：77 - 80.

黄昌勇，2000. 土壤学 [M]. 北京：中国农业出版社.

黄敏，吴金水，黄巧云，等，2003. 土壤磷素微生物作用的研究进展 [J]. 生态环境 (3)：366 - 370.

黄庆海，李茶苟，赖涛，等，2000. 长期施肥对红壤性水稻土磷素积累与形态分异的影响 [J]. 土壤与环境 (4)：290 - 293.

黄庆海，万自成，朱丽英，等，2006. 不同利用方式红壤磷素积累与形态分异的研究 [J]. 江西农业学报 (1)：6 - 10.

黄绍敏，宝德俊，皇甫湘荣，2006a. 长期定位施肥对玉米肥料利用率影响的研究 [J]. 玉米科学，14 (4)：129 - 133.

黄绍敏，宝德俊，皇甫湘荣，2006b. 长期定位施肥小麦的肥料利用率研究 [J]. 麦类作物学报，26 (2)：121 - 126.

贾萌萌，刘国明，黄标，2021. 设施菜地利用强度对土壤磷形态分布及其有效性的影响：以江苏省水耕人为土和潮湿雏形土为例 [J]. 土壤，53 (1)：30 - 36.

姜东，戴廷波，荆奇，2004. 长期定位施肥对小麦旗叶膜脂过氧化作用及 GS 活性的影响 [J]. 作物学报，24 (12)：1232 - 1236.

姜一，步凡，张超，2014. 土壤有机磷矿化研究进展 [J]. 南京林业大学学报：自然科学版，38 (3)：160 - 166.

蒋柏藩，顾益初，1989. 石灰性土壤无机磷分级体系的研究 [J]. 中国农业科学，22 (3)：58-66.

蒋柏藩，顾益初，1990. 石灰性土壤中磷形态和有效性的研究 [J]. 土壤，22 (2)：101-102.

寇长林，王秋杰，任丽轩，1999. 小麦和花生利用磷形态差异的研究 [J]. 土壤通报，30 (4)：181-184.

来璐，郝明德，彭令发，2003. 黄土区旱地苜蓿连作条件下施肥土壤对土壤磷素的影响 [J]. 西北植物学报，23 (8)：1471-1474.

来璐，郝明德，王永功，2004. 黄土高原旱地长期轮作与施肥土壤微生物量磷的变化 [J]. 植物营养与肥料学报 (5)：546-549.

来璐，郝明德，彭令发，2009. 黄土旱塬区长期施肥条件下土壤磷素变化及管理 [J]. 水土保持研究，10 (1)：68-70.

兰晓泉，郭贤仕，2001. 旱地长期施肥对土地生产力和肥力的影响 [J]. 土壤通报 (3)：102-105，144.

李方敏，樊小林，陈文东，2005. 控释肥对水稻产量和氮肥利用效率的影响 [J]. 植物营养与肥料学报，11 (4)：494-500.

李芳林，郝明德，李燕敏，2009. 黄土高原旱区长期施肥条件下土壤钾素形态空间分布特征及有效性研究 [J]. 干旱区农业研究，27 (3)：127-131.

李贵华，1990. 国外近百年来的长期肥料定位试验 [J]. 新疆农业科学 (3)：140-142.

李丽，李宁，盛建东，2012. 施氮量和种植密度对紫花苜蓿生长及种子产量的影响 [J]. 草地学报，20 (1)：54-57，62.

李隆，李晓林，张福锁，等，2000. 小麦大豆间作条件下作物养分吸收利用对间作优势的贡献 [J]. 植物营养与肥料学报 (2)：140-146.

李庆逵，1953. 磷灰石肥效试验第三次报告 [J]. 土壤学报，2 (3)：167-177.

李盛昌，朱树森，1990. 紫花苜蓿试用磷肥试验研究 [J]. 草业科学，7 (10)：41-43.

李文祥，2007. 长期不同施肥对塿土肥力及作物产量的影响 [J]. 中国土壤与肥料 (2)：23-25.

李孝良，2001. 土壤无机磷形态生物有效性研究 [J]. 安徽农业技术师范学院学报，15（2）：17-19.

李秀英，李燕婷，赵秉强，2006. 褐潮土长期定位不同施肥制度土壤生产功能演化研究［J］. 作物学报，32（5）：683-689.

李玉山，1990. 旱作农业作物生产力若干规律性及提高途径［J］. 土壤通报，1（6）：194-223.

李韵珠，王凤仙，黄元仿，2000. 土壤水分和养分利用效率几种定义的比较［J］. 土壤通报，31（4）：150-155.

李忠武，2001. 黄土丘陵沟壑区作物生产潜力影响因素分析［J］. 地理研究（5）：601-608.

连纲，王德建，静慧，2003. 太湖地区稻田土壤养分淋洗特征［J］. 应用生态学报，14（11）：1879-1883.

林葆，李家康，2002. 中国磷肥施用量与氮磷比例问题［J］. 农资科技（3）：13-16.

林德喜，胡锋，范晓晖，等，2006. 长期施肥对太湖地区水稻土磷素转化的影响［J］. 应用与环境生物学报，12：453-456.

林继雄，林葆，艾卫，1995. 磷肥后效与利用率的定位试验［J］. 土壤肥料（6）：1-5.

林炎金，林增泉，1994. 连续十年施用不同肥料对土壤养分累积的研究［J］. 福建省农科院学报（3）：31-35.

林治安，赵秉强，袁亮，2009. 长期定位施肥对土壤养分与作物产量的影响［J］. 中国农业科学，42（8）：2809-2819.

刘焕鲜，李宁，盛建东，2013. 磷肥对紫花苜蓿生长和种子产量的影响［J］. 草地学报，21（3）：571-575.

刘建玲，张福锁，2000. 小麦—玉米轮作长期肥料定位试验中土壤磷库的变化：Ⅰ. 磷肥产量效应及土壤总磷库、无机磷库的变化［J］. 应用生态学报，11（3）：360-364.

刘建玲，张福锁，2000. 小麦—玉米轮作长期肥料定位试验中土壤磷库的变化：Ⅱ. 土壤 Olsen-P 及各形态无机磷的动态变化［J］. 应用生态学报，11（3）：365-368.

刘建中，李振声，李继云，1994. 利用植物自身潜力提高土壤中磷的生物有效性［J］. 生态农业研究（1）：18－25.

刘津，李春越，邢亚薇，等，2020. 长期施肥对黄土旱塬农田土壤有机磷组分及小麦产量的影响［J］. 应用生态学报，31（1）：157－164.

刘利花，杨淑英，吕家珑，2003. 长期不同施肥土壤中磷淋溶"阈值"研究［J］. 西北农林科技大学学报（自然科学版）（3）：123－126.

刘世亮，马政华，化党领，2005. 潮土长期定位施肥对中筋型小麦生长和品质的影响［J］. 中国农学通报，21（4）：188－193.

刘晓静，刘艳楠，2013. 供氮水平对不同紫花苜蓿产量及品质的影响［J］. 草地学报，21（4）：702－707.

刘新社，黄绍敏，2008. 豫东潮土长期定位施肥对设施番茄肥料利用率的影响［J］. 河南农业科学（12）：97－102.

刘新社，刘艳霞，黄绍敏，2010. 长期定位施肥对设施黄瓜肥料利用率的影响［J］. 长江蔬菜（10）：59－63.

刘雪强，南丽丽，郭全恩，等，2020. 黄土高原半干旱区种植不同绿肥作物对土壤理化性质的影响［J］. 甘肃农业大学学报，55（1）：145－152.

鲁如坤，2000. 土壤农业化学分析方法［M］. 北京：中国农业科学技术出版社.

鲁如坤，2003. 土壤磷素水平和水体环境保护［J］. 磷肥与复肥（1）：4－8.

鲁如坤，刘鸿翔，闻大中，1996. 我国典型地区农业生态系统养分循环和平衡研究：Ⅴ. 农田养分平衡和土坡有效磷、钾消长规律［J］. 土壤通报，27（6）：241－242.

鲁如坤，刘鸿翔，闻大中，等，1996. 我国典型地区农业生态系统养分循环和平衡研究：农田养分平衡和土壤有效磷、钾消长规律［J］. 土壤通报（6）：241－242.

鲁如坤，时正元，顾益初，1995. 土壤积累态磷研究：Ⅱ. 磷肥的表观积累利用率［J］. 土壤，27（6）：286－287.

鲁如坤，时正元，钱承梁，1997. 土壤积累态磷研究：Ⅲ. 几种典型土壤中积累态磷的形态特征及其有效性［J］. 土壤，29（2）：57－60.

鲁耀，陈宝红，段宗颜，2009. 水稻蚕豆轮作条件下长期定位施肥制度对作物产量的影响［J］. 中国农学通报，25（22）：157－161.

吕家珑，张一平，陶国树，2003. 23 年肥料定位试验 0～100cm 土壤剖面中各形态磷之间的关系研究 [J]. 水土保持学报，17（3）：48-50.

罗其友，2000. 21 世纪北方旱地农业战略问题 [J]. 中国软科学（4）：102-105.

马艳梅，2006. 长期轮作连作对不同作物土壤磷组分的影响 [J]. 中国农学通报，22（7）：355-358.

莫淑勋，钱菊芳，钱承梁，1991. 猪粪等有机肥料中磷素养分循环再利用的研究 [J]. 土壤学报（3）：309-316.

慕韩锋，王俊，刘康，等，2008. 黄土旱塬长期施磷对土壤磷素空间分布及有效性的影响 [J]. 植物营养与肥料学报，14（3）：424-430.

牛明芬，温林钦，赵牧秋，等，2008. 可溶性磷损失与径流时间关系模拟研究 [J]. 环境科学（9）：2580-2585.

潘占兵，蒋齐，许浩，2011. 宁南黄土丘陵区旱作苜蓿地土壤肥力特征分析 [J]. 中国农学通报，27（28）：178-183.

彭令发，郝明德，来璐，2003. 黄土旱塬区长期施肥条件下土壤剖面养分分布的影响 [J]. 水土保持通报，23（1）：36-38.

彭祥林，李玉山，朱显谟，1961. 关中红油土地区的轮作制 [J]. 土壤学报，9（1-2）：42-55.

戚瑞生，党廷辉，杨绍琼，2012. 长期轮作与施肥对农田土壤磷素形态和吸持特性的影响 [J]. 土壤学报，49（6）：1136-1145.

曲东，尉庆丰，张英莉，1994. 酸性水对土无机磷形态的影响 [J]. 现代土壤科学研究，33（4）：279-281.

曲环，赵秉强，陈雨海，2004. 灰漠土长期定位施肥对小麦品质和产量的影响 [J]. 植物营养与肥料学报，10（1）：12-17.

上官周平，陈培元，1995. 中国北方旱地农业发展的若干战略 [J]. 大自然探索，14（52）：86-89.

沈仁芳，蒋柏藩，1992. 石灰性土壤无机磷的形态分布及其有效性 [J]. 土壤学报（1）：80-86.

沈善敏，1984. 国外的长期肥料试验（一）[J]. 土壤通报，2（12）：85-91.

沈善敏，1984. 国外的长期肥料试验（二）[J]. 土壤通报，3（13）：135-139.

沈善敏，1984. 国外的长期肥料试验（三）[J]. 土壤通报，4（14）：135 - 139.

沈善敏，1986. 土壤肥力管理研究进展 [J]. 干旱区研究（3）：47 - 59.

史昕倩，向春阳，赵秋，等，2021. 翻压春油菜对土壤磷素及玉米磷吸收的影响. 华北农学报，36（3）：166 - 173.

宋永林，姚造华，袁锋明，2001. 北京褐潮土长期施肥对夏玉米产量及产量变化趋势影响的定位研究 [J]. 北京农业科学（6）：14 - 17.

孙宏洋，吴艳宏，李娜，等，2017. 贡嘎山酸性土壤微生物量磷紧密关联碳酸氢钠提取态有机磷 [J]. 山地学报，35（5）：709 - 716.

索东让，王平，2000. 长期定位施肥对土地生产力的影响 [J]. 西北农业学报，9（3）：72 - 75.

唐忠厚，李洪民，张爱君，2010. 长期定位施肥对甘薯块根产量及其主要品质的影响 [J]. 浙江农业学报，22（1）：57 - 61.

王百群，姜峻，都全胜，2010. 黄土丘陵区人工草地牧草营养元素累积及土壤有机碳与养分特征 [J]. 水土保持研究，17（6）：127 - 132.

王道涵，梁成华，孙铁衍，2005. 磷素在土壤中的垂直迁移潜力研究 [J]. 农业环境科学学报，24（6）：1157 - 1160.

王德芳，姚炳贵，高宝岩，2002. 不同施肥处理对作物产量的影响 [J]. 天津农业科学，8（2）：11 - 14.

王锋有，董旭，2008. 长期定位施肥对耕地土壤物理性状与玉米产量的影响 [J]. 农业科技与装备，4（2）：19 - 21.

王建林，2010. 长期定位施肥对冬小麦-夏玉米叶片叶绿素含量的影响 [J]. 中国农学通报，26（6）：182 - 184.

王静，王磊，张爱君，等，2020. 长期增施有机肥对土壤不同组分有机磷含量及微生物丰度的影 [J]. 生态与农村环境学报，36（9）：1161 - 1168.

王俊华，胡君利，林先贵，2010. 长期定位施肥对潮土微生物活性和小麦养分吸收的影响 [J]. 土壤通报，41（4）：807 - 810.

王森焱，徐倩，刘润进，2006. 长期定位施肥土壤中 AM 真菌对寄主植物的侵染状况 [J]. 菌物学报，25（1）：131 - 137.

王韶唐，1987. 植物的水分利用效率和旱地农业生产 [J]. 干旱地区农业研究（2）：67 - 80.

王新民，魏志华，刘奎，等，2010. 肥际微域土壤的室内培养法研究磷对石灰性潮土的影响［J］. 土壤通报，41（2）：342-345.

王旭东，张一平，李祖荫，1997. 有机磷在堘土中的组成变异的研究［J］. 土壤肥料（5）：16-18.

王岩，沈其荣，史瑞和，等，1998. 有机、无机肥料施用后土壤生物量 C、N、P 的变化及 N 素转化［J］. 土壤学报（2）：227-234.

温林钦，赵牧秋，牛明芬，等，2009. 施磷对不同质地土壤 Olsen - P 和 CaCl$_2$ - P 动态变化的影响［J］. 生态学杂志，28（5）：872-878.

吴春艳，陈义，许育新，2008. 长期定位试验中施肥对稻米品质的影响［J］. 浙江农业学报，20（4）：256-260.

吴凤芝，赵凤艳，刘元英，2000. 设施蔬菜连作障碍原因综合分析与防治措施［J］. 东北农业大学学报，13（3）：7-8.

肖伟，夏连胜，王万志，2006. 长期定位施肥对夏玉米生长发育的影响［J］. 安徽农业科学，34（16）：4058-4059.

谢林花，吕家珑，张一平，2004. 长期施肥对石灰性土壤磷素肥力的影响Ⅱ. 无机磷和有机磷［J］. 应用生态学报，15（5）：790-794.

谢文，胡辉，翟均平，2005. 长期定位施肥对不同种植模式作物产量和土壤肥力的影响［J］. 安徽农业科学，33（9）：1605-1608.

徐志强，代继光，于向华，2008. 长期定位施肥对作物产量及土壤养分的影响［J］. 土壤通报，39（4）：766-769.

徐祖祥，2009. 长期定位施肥对水稻、小麦产量和土壤养分的影响［J］. 浙江农业学报，21（5）：485-489.

严昶升，1988. 土壤肥力研究方法［M］. 北京：农业出版社.

杨恒山，曹敏建，2004. 刈割次数对紫花苜蓿草产量、品质及根的影响［J］. 作物杂志，16（2）：33-34.

杨恒山，张玉芹，杨升辉，2012. 苜蓿轮作玉米后土壤养分时空变化特征分析［J］. 水土保持学报，26（6）：127-130.

杨建设，1994. 我国旱地农业发展阶段［J］. 西安联合大学学报（4）：9-14.

杨靖一，1995. 洛桑试验站 150 周年经典试验的研究进展［J］. 土壤学进展，23（1）：9-13.

杨青川，2003. 苜蓿生产与管理指南［M］. 北京：中国林业出版社 .

冶赓康，俄胜哲，陈政宇，等，2023. 土壤中磷的存在形态及分级方法研究进展［J］. 中国农学通报，39（1）：96 - 102.

尹金来，沈其荣，周春霖，等，2001a. 猪粪和磷肥对石灰性土壤有机磷组分及有效性的影响［J］. 土壤学报（3）：295 - 300.

尹金来，沈其荣，周春霖，等，2001b. 猪粪和磷肥对石灰性土壤无机磷组分及有效性的影响［J］. 中国农业科学（3）：296 - 300.

于丹，张克强，王风，2009. 天津黄潮土剖面磷素分布特征及其影响因素研究［J］. 农业环境科学学报，28（3）：518 - 521.

喻景权，杜尧舜，2000. 蔬菜设施栽培可持续发展中的连作障碍问题［J］. 沈阳农业大学学报，22（1）：38 - 43.

张恩和，张福锁，黄鹏，2000. 小麦大豆间套种植对磷素在土壤中的转化及有效性的影响［J］. 土壤通报（3）：130 - 131，146

张海涛，刘建玲，廖文华，2008. 磷肥和有机肥对不同磷水平土壤磷吸附-解吸的影响［J］. 植物营养与肥料学报，7（2）：284 - 290.

张焕朝，张红爱，曹志洪，2004. 太湖地区水稻土磷素径流流失及其 Olsen 磷的"突变点"［J］. 南京林业大学学报（自然科学版）（5）：6 - 10.

张树金，余海英，李廷轩，2010. 温室土壤磷素迁移变化特征研究［J］. 农业环境科学学报，29（8）：1534 - 1541.

张树金，余海英，李廷轩，等，2010. 温室土壤磷素迁移变化特征研究［J］. 农业环境科学学报，29（8）：1534 - 1541.

张漱茗，于淑芳，刘毅志，1992. 施肥对石灰性土壤磷素形态的影响［J］. 土壤（2）：68 - 70.

张为政，1990. 轮作方式对土壤磷素状况的影响［J］. 土壤肥料（6）：7 - 10.

张锡梅，1994. 北方旱地农业综合发展中几个问题的探讨［J］. 干旱地区农业研究（12）：18 - 24.

张永志，2007. 我国磷肥工业"十五"回顾和"十一五"展望［J］. 硫磷设计与粉体工程（1）：4 - 8，49.

张作新，廖文华，刘建玲，2008. 过量施用磷肥和有机肥对土壤磷渗漏的

影响 [J]. 华北农学报，23 (6)：189 - 194.

张作新，刘建玲，廖文华，2009. 磷肥和有机肥对不同磷水平土壤磷渗漏影响研究 [J]. 农业环境科学学报，28 (4)：729 - 735.

赵立勇，韩晓日，杨劲峰，2008. 长期定位施肥对作物产量及土壤有效养分的影响 [J]. 杂粮作物，28 (1)：45 - 48.

赵少华，宇万太，张璐，等，2004. 土壤有机磷研究进展 [J]. 应用生态学报，15 (11)：2189 - 2194.

甄志高，段莹，王晓林，2006. 长期定位施肥对花生产量和品质的影响 [J]. 土壤通报，37 (2)：323 - 325.

郑铁军，1998. 黑土长期施肥对土壤磷的影响 [J]. 土壤肥料 (1)：39 - 41.

周宝库，张喜林，2005. 长期施肥对黑土磷素积累、形态转化及其有效性影响的研究 [J]. 植物营养与肥料学报 (2)：143 - 147.

周晓琳，薛登峰，刘树堂，2009. 长期定位施肥对夏玉米氮代谢的影响 [J]. 中国农学通报，25 (2)：85 - 88.

朱兆良，金继运，2013. 保障我国粮食安全的肥料问题 [J]. 植物营养与肥料学报，19 (2)：259 - 273.

邹德乙，刘小虎，韩晓日，1997. 长期定位施肥对作物籽实氨基酸含量影响 [J]. 沈阳农业大学学报，28 (2)：120 - 124.

邹亚丽，马效国，沈禹颖，2005. 苜蓿后茬冬小麦对氮素的响应及土壤氮素动态研究 [J]. 草业学报，14 (4)：82 - 88.

Adams A P，Bartholomew M V，Clark F E，1954. Measurement of nucleic acid components in soil [J]. Soil Sci Soc Am J，18：40 - 46.

Akbar A，Sinegani S，Rashidi T，2011. Changes in phosphorus fractions in the rhizosphere of some crop species under glasshouse conditions [J]. J Plant Nutr Soil Sc，174 (6)：899 - 907.

Alvarez R，2005. A review of nitrogen fertilizer and conservation tillage effects on soil carbon storage [J]. Soil Use Manage，21 (1)：38 - 52.

Ayaga G，Todd A，Brookes P C，2006. Enhanced biological cycling of phosphorus increases its availability to crops in low input sub Saharan farming systems [J]. Soil Biol Biochem, 38 (1): 81 – 90.

Berzsenyi Z, Giyorffy B, Lap D, 2000. Effect of crop rotation and fertilization on maize and wheat yields and yield stability in a long – term experiment [J]. Eur. J. Agro, 13: 225 – 224.

Bhandari A L, Ladah J K, Pathak H, 2002. Trends of yield and soil nutrient status in a long – term rice – wheat experiment in the Indogangetic Plains of India [J]. Soil Sci Am J, 66: 162 – 170.

Blair N, Faulkner R D, Till A R, 2006. Long – term management impacts on soil C, N, P and physical fertility. Part I: Broadbalk experiment [J]. Soil Till Res, 91 (1 – 2): 30 – 38.

Blake L, Johnston A E, Poulton P R, 2003. Changes in soil phosphorus fractions following positive and negative phosphorus balances for long periods [J]. Plant Soil, 254: 245 – 261.

Blake L, Mercik S, Koerschens M, 2000. Phosphorus content in soil, uptake by plants and balance in three European long~term field experiments [J]. Nutr Cycl Agroecosys, 56 (3): 263 – 275.

Bowman R A, Cole C A, 1978. An exploratory method for fraction of organic phosphorus from grassland soil [J]. Soil Sci, 125 (2): 95 – 101.

Brookes P C, Powlson D S, Jenkinson D S, 1984. Phosphorus in the soil microbial biomass [J]. Soil Biol Biochem, 16 (2): 169 – 175.

Cadavod L F, El – Sharkawy M A, Acosta A, et al., 1998. Long – term effects of mulch, fertilization and tillage on cassava grown in sandy soils in northern Colombia [J]. Field Crop Res, 57 (1): 45 – 56.

Cai Z C, Qin S W, 2006. Dynamics of crop yields and soil organic carbon in a long – term fertilization experiment in the Huang Huai Hai Plain of China [J]. Geoderma, 136 (3 – 4): 708 – 715.

Cassagne N, Remaury M, Gauque lin T, et al., 2000. Forms and profile distribution of soil phosphorus in alpine Incepti sols and Spodosols (Pyrenees, France) [J]. Geoderma, 95: 161 – 172.

Cassman K G, Peng S, Olk D C, 1998. Opportunities for increased nitrogen use efficiency from improved resource management in irrigated rice systems [J]. Field Crop Res, 56: 7 - 38.

Chang S, Jackson M, 1957. Fractionation of soil phosphorus [J]. Soil Sci, 84: 133 - 144.

Dang T H, Gao C Q, Peng L, 2003. Long - term Rotation and Fertilizer Experiments in Changwu Rainfed Highland [J]. Res Soil Water Conserv, 10 (1): 61 - 64, 103.

Dobermann A R, 2005. Nitrogen use efficiency - state of the art [C] //IFA International Workshop on Enhanced Efficiency Fertilizers. Frankfurt, Germany, 6: 28 - 30.

Fageria N K, Baligar V C, 2003. Methodology for evaluation of lowland rice genotypes for nitrogen use efficiency [J]. J Plant Nutr, 26: 1315 - 1333.

Fan T L, Stewart B A, Wang Y, 2005. Long - term fertilization effects on grain yield, water use efficiency and soil fertility in the dryland of Loess Plateau in China [J]. Agr Ecosyst Environ, 106 (4): 313 - 329.

Fan T L, Wang S Y, Tang X M, 2005. Grain yield and water use in a long - term fertilization trial in Northwest China [J]. Agri Water Manage, 76 (1): 36 - 52.

Fiskell, J. G. A., et al, 1979. Kinetic behavior of phosphate sorption by acid, sandy soil. [J]. Journal of environmental quility, 8 (4): 579 - 584.

Franzluebbers A J, Hons F M, 1996. Soil profile distribution of primary and secondary plant available nutrients under conventional and notillage [J]. Soil Till Res, 39 (3): 135 - 146.

Ghosh M, Chattopadhyay G N, Baral K, 1999. Transformation of phosphorus during vermicomposting [J]. Bioresource Technology, 69 (2): 149 - 154.

Gllpy C N, Merviees N W, Moody P W, 2000. A simplified sequential phosphorus fractionation method [J]. Commun Soil Sci Plan, 31 (11 - 14): 1981 - 1991.

Gransee A, Merbach M, 2000. Phosphorus dynamics in a long term P fertilization trial on Luvic Phaeozem at Halle [J]. Plant Nutr Scil Sci, 163: 353-357.

Guo F, Yost R S, Hue N V, 2000. Changes in phosphorus fractions in soils under intensive plant growth [J]. Soil Sci Soc Am J, 64 (5): 1681-1689.

Guo S L, Zhu H H, Dang T H, 2012. Winter wheat grain yield associated with precipitation distribution under long-term nitrogen fertilization in the semiarid Loess Plateau in China [J]. Geoderma, 189-190: 442-450.

Han X Z, Song C Y, Wang S Y, 2005. Impact of long-term fertilization on phosphorus status in black soil [J]. Pedosphere, 15 (3): 319-326.

Hao M D, Fan J, Wang Q J, 2007. Wheat grain yield and yield stability in a long-term fertilization experiment on the loess plateau [J]. Pedosphere, 17 (2): 257-264.

Hao M D, Fan J, Wei X R, 2005. Effect of fertilization on soil fertility and wheat yield of dry land in the Loess plateau [J]. Pedosphere, 15 (2): 189-195.

Hayes J E, Richardson A E, Simpson R J, 2000. Components of organic phosphorus in soil extracts that are hydro lysed by phytase and acid phosphatase [J]. Bio Fert Soils, 32: 279-286.

Haygarth P M, Harrison A F, Turner B L, 2018. On the history and future of soil organic phosphorus research: a critique across three generations [J]. European Journal of Soil Science, 69 (1): 86-94.

Hedley M J, Stewart J W B, Chauhan B S, 1982. Changes in inorganic and organic soil phosphorus fractions induced by cultivation practices and by laboratory incubations [J]. Soil Sci Soc Am J, 46 (5): 970-976.

Hignett T P, 1977. Trends in Ammonia Feedstocks. In: Swaminathan M S, Sinha S K. Global Aspects of Food Production [J]. Great Britain: Longman Press: 327-368.

Hountin J A, Couillard D, Karam A, 1997. Soil carbon, nitrogen and phosphorus contents in maize plots after 14 years of pig slurry applications

［J］. The Journal of Agricultural Science，129（2）：187－191.

Hu J L，Lin X G，Wang J H，2009. Arbuscular mycorrhizal fungus enhances crop yield and P uptake of maize（*Zea mays* L. ）：A field case study on a sandy loam soil as affected by long－term P deficiency fertilization［J］. Soil Biol Biochem，41（12）：2460－2465.

Huang S，Zhang W J，Yu X C，2010. Effects of long－term fertilization on corn productivity and its sustainability in an ultisol of southern China［J］. Agri Eco Envir 138：44－50.

Ivanoff D B，Reddy K R，Robinson S，1998. Chemical fractionation of organic phosphorus in selected his to sols［J］. Soil Sci，163：36－45.

Jackson M L，1958. Phosphorus determination for soils. In：Jersey N. Soil Chemical Analysis［J］. Englewood Cliffs：Prentice－Hall inc，162－164.

Jenkinson D S，Ladd J N，1981. Microbial biomass in soil：measurement and turnover［M］//Paul V E A，Ladd J N. Soil biochemistry. New York：Marcel Dekker：415－471.

Jenkinson D S，Parry L N，1989. The nitrogen cycle in the B road balk wheat experiment：A mode l for the turnover of nitrogen through the soil microbial biomass［J］. Soil Biol Biochem，21：535－543.

Jessoca M N，Amanda V P，Gilsane L P，2009. Promotive effects of long－term fertilization on growth of tissue culture－derived Hypericum polyanthemum plants during acclimatization［J］. Ind Crop Prod，30（2）：329－332.

Jiang B F，Gu Y C，1990. Determination of inorganic phosphorus in calcareous soil classification［J］. Soil，22（2）：101－102.

Jiang B F，Gu Y C，Lu R K，1984. Effect of weathering on soil in the P fractions，transformation，and effectiveness［J］. Acta Petrol Sin，21（2）：134－143.

Joel A，2001. Messing I Infilt rat ion rate and hydraulic conductivity measured with rain simulat or and discpermeameter Sloping［J］. Arid Land Res Manag，15（4）：371－384.

Johnson A E，Pouton P R，1992. The role of phosphorus in crop production and soil fertility: 150 years field experiments at Rothamsted [J] //Phosphate fertilizers and the environment, eds. Sehultz J J. Muscle Shoals, AL: IFDC. 45 – 64.

Jouany C, Colomb B, Bosc M, 1996. Long – term effects of potassium fertilization on yields and fertility status of calcareous soils of southwest France [J]. Eur J Agron, 5: 287 – 294.

Khan K S, Joergensen R G, 2009. Changes in microbial biomass and P fractions in biogenic household waste compost amended with inorganic P fertilizers [J]. Bioresource Technol, 100 (1): 303 – 309.

Knaflewski M, Małachowski A, 1998. Effects of long – term application of different rates of fertilizers in an asparagus plantation on the yield and chemical properties of soil [J].

Kumar R, Ambasht R S, Srivastava N K, 1992. Conservation efficiency of five common riparian weeds in movement of soil, water and phosphorus [J]. Journal of applied ecology: 737 – 744.

Lai L, Hao M D, Peng L F, 2003. Effect of Long – term Fertilization on profile characteristic of soil inorganic P on Loess Plateau, Dryland [J]. Res Soil Water Conserv, 10 (3): 76 – 77, 126.

Lan Z M, Lin X J, Wang R, 2012. Phosphorus availability and rice grain yield in a paddy soil in response to long – term fertilization [J]. Biol Fertil Soils, 48 (5): 579 – 588.

Li X P, Zhang Y L, Wei Y K, 2009. Study on forms of inorganic phosphates and its validity in Yangling area [J]. J Soil Water Conserv, 23 (4): 195 – 199.

Linquis B A, Singleton P W, Cassman K G, 1997. Inorganic and organic phosphorus dynamics during a Build – up and decline of available phosphorus in an Ultisol [J]. Soil Sci, 162 (4): 254 – 264.

Liu G S, 1998. Soil Physical and Chemical Analysis and Description of Soil Profiles [J]. Beijing: Chinese Standard Press: 24 – 43.

Liu J L, Zhang F S, 2000a. Dynamics of soil P pool in a long – term fertilizing experiment of wheat maize rotation I. Crop yield effect of fertilizer P and dynamics of soil total P and inorganic P [J]. Chinese J Applied Ecol, 11 (3): 360 – 364.

Liu J L, Zhang F S, 2000b. Dynamics of soil P pool in a long – term fertilizing experiment of wheat – maize rotation II. Dynamics of soil Olsen – P and inorganic P [J]. Chinese J Applied Ecol, 11 (3): 365 – 368.

Lu R K, 1990. Soil Phosphorus Chemical Research Process [J]. Soil Sci, 18 (6): 1 – 5.

Ma B, Zhou Z Y, Zhang C P, 2009. Inorganic phosphorus fractions in the rhizosphere of xerophytic shrubs in the Alxa Desert [J]. J Arid Environ, 73: 55 – 61.

Mandal D K, Mandal C, Velayutham M, 2001. Development of a land quality index for sorghum in Indian semiarid tropics (SAT) [J]. Agr Syst, 70 (1): 335 – 350.

Manna M C, Swarup A, Wanjari R H, 2005. Long – term effect of fertilizer and manure application on soil organic carbon storage, soil quality and yield sustainability under sub – humid and semi – arid tropical India [J]. Field Crop Res, 93: 264 – 280.

Manna M C, Swarup A, Wanjari R H, 2007. Long – term fertilization, manure and liming effects on soil organic matter and crop yields [J]. Soil Till Res, 94 (2): 397 – 409.

Margarita B, Escudey M, Galindo G, 2006. Comparison of extraction procedure used in determination of phosphorus species by 31 PNMR in Chilean volcanic soils [J]. Commun Soil Sci Plant, 37: 1553 – 1569.

Mattingly G E G, Johnston A E, 1976. Long term rotation experiments at Rothamsted and Saxlnundham Experimental Stations: The effects of treatment on crop yields and soil analysis and recent modifications in purpose and design [J]. Ann Agron, 27: 743 – 769.

Mc Dowell R W, Condron L M, Stewart I, 2008. An examination of potential ex traction methods to assess plantavailable organic phosphorus in soil

[J]. Bio Fert Soils, 44: 707 - 715.

Mc Gill W B, Cole C V, 1981. Comparative aspects of cycling of organic C, N, S and P through soil organic matter [J]. Geoderma, 26: 267 - 286.

Motavalli P, Miles R, 2002. Soil phosphorus fractions after 111 years of animal manure and fertilizer applications [J]. Biology and fertility of soils, 36: 35 - 42.

Muhammad S, Muller T, Joergensen R G, 2007. Compost and phosphorus amendments for stimulating microorganisms and maize growth in a saline Pakistani soil in comparison with a non - saline German soil [J]. J Plant Nutr Soil Sc, 170 (6): 745 - 751.

Negassa W, Leinweber P, 2009. How does the Hedley sequential phosphorus fractionation reflect impacts of land use and management on soil phosphorus: A review [J]. J Plant Nutr Soil Sc, 172 (3): 305 - 325.

Novoa R, Loomis R S, 1981. Nitrogen and plant production [J]. Plant Soil, 58: 177 - 204.

Nwoke O C, Vanlauw E B, Diels J, 2004. The distribution of phosphorus fractions and desorption character is tics of some soils in the moist savanna zone of West Africa [J]. Nutr Cycl Agroecosys, 69: 127 - 141.

Oberson A, Friesen D K, Rao I M, 2001. Phosphorus transformations in an oxisol under contrasting land - use systems: the role of the soil microbial biomass [J]. Plant Soil, 237 (2): 197 - 210.

Ochwoh V A, Claassens A S, Jager P C, 2005. Chemical changes of applied and native phosphorus during incubation and distribution into different soil phosphorus pools [J]. Commun Soil Sci Plant, 36 (4 - 6): 535 - 556.

Ojekami A, Ige D, Hao X Y, 2011. Phosphorus mobility in a soil with long term manure application [J]. J Agr Sci, 3 (3): 225 - 38.

Otto W M, Kilian W H, 2001. Response of soil phosphorus content, growth and yield of wheat to long - term phosphorus fertilization in a conventional cropping system [J]. Nutr Cycl Agroecosys, 61 (3): 283 - 292.

Parker E R, Sandford R L, 1999. The effects of mobile tree islands on soil phosphorus concentrations and distribution in an alpine tundra ecosystem on Niwot Ridge, Colorado Front Range, USA [J]. Arc Antarct Alp Res, 31: 16 - 20.

Pellegrini J B R, Santos D R, Goncalves C S, 2010. Impact of anthropic pressure on soil phosphorus availabilty, concentration, and phosphorus forms in sediments in Southern Brazilian watershed [J]. J of soil sediment (10): 451 - 460.

Perrott K W, Maher F W, Thorrold B S, 1989. Accumulation of phosphorus fractions in yellow - brown pumice soils with development [J]. New Zeal J Agr Res, 32 (1): 53 - 62.

Peter J A, Kleinman, Brian A, 2003. Needelman, Andrew N. Sharpley, Richard W. McDowell. Soil Phosphorus Profile Data to Assess Phosphorus Leaching Potential in Manured Soils Using [J]. J Environ Qual, 67 (1): 215 - 224.

Ravia M D, Acea M J, Carballas T, 1995. Seasonal changes in microbial biomass and nutrient flush in for rest soils [J]. Soil Biol Biochem, 19: 220 - 226.

Rebafka F P, Hebel A, BationoA, et al. , 1994. Short - and long - term effects of crop residues and of phosphorus fertilization on pearl millet yield on an acid sandy soil in Niger, West Africa [J]. Field Crop Res, 36 (2): 113 - 124.

Redel Y, Rubio R, Rouanet J L, 2007. Phosphorus bioavailability affected by tillage and crop rotation on a Chilean volcanic derived Ultisol [J]. Geoderma, 139 (3 - 4): 388 - 396.

Regm A P, Ladha J K, Pathak H, 2002. Yield and soil fertility trends in a 20 year rice - rice - wheat experiment in Nepal [J]. Soil Sci Soc Am J, 66: 857 - 867.

Rheinheimer D, Anghinoni I, 2003. Accumulation of soil organic phosphorus by soil tillage and crop systems under subtropical conditions [J]. Communications in soil science and plant analysis, 34 (15 - 16): 2339 - 2354.

Richardson A E, Simpson R J, 2011. Soil microorganisms mediating phosphorus availability update on microbial phosphorus [J]. Plant Physiol, 156 (3): 989 - 996.

Roscoe B, 1960. The distribution and condition of soil phosphate under old permanent pasture [J]. Plant and Soil, 12: 17 - 29.

Rubaek G H, Sibbesen E, 1995. Soil phosphorus dynamics in a long - term field experiment at Askov [J]. Biology and Fertility of Soils, 20: 86 - 92.

Salinas - Garcia J R, Matocha J E, Hhons F M, 1997. Long - term tillage and nitrogen fertilization effects on soil properties of an Alfisol under dryland corn/cotton production [J]. Soil Till Res, 42 (1 - 2): 79 - 93.

Sarathchandra S U, Perrott K W, Upsdell M P, 1984. Microbiological and biochemical characteristics of a range of New Zealand soils under established pasture [J]. Soil biology and biochemistry, 16 (2): 177 - 183.

Schwencke J, Caru M, 2001. Advances in act inorhizal symbiosis: Host Plant Frankia interact ions, biology, and applications in arid land reclamation [J]. Arid Land Res Manag, 15 (4): 285 - 328.

Scott J T, Condron L M, 2003. Dynamics and availability of phosphorus in the rhizosphere of a temperate silvopastoral system [J]. Bio Fert Soils, 39: 65 - 73.

Sekulic P D, 1997. Changes of chemical soil properties under the effect of long - term application of mineral fertilizers [J].

Shaheen S M, Tsadilas C D, Stamatiadis S, 2007. Inorganic phosphorus forms in some entisols and aridisols of Egypt [J]. Geoderma, 142: 217 - 225.

Shang C, Zelazny L W, Berry D F, 2013. Orthophosphate and phytate extraction from soil components by common soil phosphorus tests [J]. Geoderma, 209 - 210: 22 - 30.

Sharpley A N, Jones C A, Gray C, et al, 1984. A simplified soil and plant phosphorus model: II. Prediction of labile, organic, and sorbed phosphorus [J]. Soil Science Society of America Journal, 48 (4): 805 - 809.

Sharpley, Andrew N, TC Daniel, DR Edwards, 1993. Phosphorus movement in the landscape [J]. Journal of production agriculture, 6 (4):

492－500.

Shen J, Li R, Zhang F, 2004. Crop yields, soil fertility and phosphorus fractions in response to long－term fertilization under the rice monoculture system on a calcareous soil [J]. Field Crop Res, 86 (2－3): 225－238.

Shen S M, 1998. Chinese soil fertility [J]. Beijing: China Agriculture Press, 88－98.

Solomon D, Lehmann J, Mamo T, 2002. Phosphorus form s and dynamics as influenced by land use changes in the sub humid Ethiopian high lands [J]. Geoderma, 105: 21－48.

Song K, Zhang W L, Xu A G, 2009. Phosphorus leaching losses in different planting farmlands in the riverine plain area of Taihu Lake [J]. Plant Nutr Fert Sci, 15 (6): 1288－1294.

Stevenson F J, Cole M A, 2000. Cycles of Soil Carbon, Nitrogen, Phosphorus, Sulfur, Micronutrients [J]. New York: John Wiley and Sons Press.

Su Y, 2002. Effects of golf course construction and operation on nutrient runoff [M]. Manhattan: Kansas State University.

Sun S J, Huang S L, Sun X M, 2009. Phosphorus fractions and its release in the sediments of Haihe River, China [J]. J Environ Sci, 21: 291－295.

Tiessen H, Moir J O, 1993. Characterisation of available P by sequential extraction. In: Carter M R. Soil Sampling and Methods of Analysis [J]. London: Lewis Publishers, 75－86.

Wagar B I, Stewart J W B, Moir J O, 1986. Changes with time in the form and availability of residual fertilizer phosphorus on Chernozemic soils [J]. Canadian Journal of Soil Science, 66 (1): 105－119.

Wang G P, Zhai Z L, Liu J S, 2008. Form sand profiled is tribution of soil phosphorus in four wetlands across gradients of sand desertification in Northeast China [J]. Geoderma, 145: 50－59.

Workneh F, Van Bruggen A H C, Drinkwater L E, et al. Variables associated with corky root and Phytophthora root rot of tomatoes in organic and conventional farms [J]. Phytopathology, 1993, 83 (5): 581－589.

Wyngaard N, Vidaurreta A, Echeverría H E, 2013. Dynamics of phosphorus and carbon in the soil particulate fraction under different management practices [J]. Soil Sci Soc Am J, 77 (5): 1584-1590.

Yada R L, Dwivedi B S, Prasad K, 2000b. Yield trends, and changes in soil organic and available NPK in a long-term rice-wheat under integrated use of manures and fertilizers [J]. Field Crop Res, 68: 53-62.

Yang S M, Li F M, Malhi S S, 2004. Long-term fertilization effects on crop yield and nitrate nitrogen accumulation in soil in Northwestern China [J]. Agro J, 96: 1039-1049.

Zhang G N, Chen Z H, Zhang A M, 2014. Influence of climate warming and nitrogen deposition on soilphosphorus composition and phosphorus availability in a temperate grassland, China [J]. J Arid Land, 6 (2): 156-163.

Zhang H M, Wang B R, Xu M G, 2009. Crop yield and soil responses to long-term fertilization on a red soil in southern China [J]. Pecosphere, 19 (2): 199-207.

Zhang S X, Li X Y, Li X P, 2004. Crop yield, N uptake and nitrates in a fluvo-aquic soil profile in a long-term fertilizer experiment [J]. Pedosphere, 14 (1): 131-136.

Zoltan Berzsenyi, Bela Gyrffy, Dang Q L, 2000. Effect of crop rotation and fertilisation on maize and wheat yields and yield stability in a long-term experiment [J]. Eur J Agr, 13 (2): 225-244.

图书在版编目（CIP）数据

渭北旱塬农田土壤磷素演变研究 / 苏富源等著.

北京：中国农业出版社，2024.5. -- ISBN 978-7-109
-32050-5

Ⅰ. S153.6

中国国家版本馆 CIP 数据核字第 2024B07H73 号

中国农业出版社出版

地址：北京市朝阳区麦子店街 18 号楼

邮编：100125

责任编辑：卫晋津　吴丽婷

版式设计：小荷博睿　　责任校对：周丽芳

印刷：中农印务有限公司

版次：2024 年 5 月第 1 版

印次：2024 年 5 月北京第 1 次印刷

发行：新华书店北京发行所

开本：880mm×1230mm　1/32

印张：5.25

字数：125 千字

定价：40.00 元
